Nina Bücker

Förderung des räumlichen Vorstellungsvermögens im Mathematikunterricht der Grundschule

Am Beispiel der Unterrichtseinheit "Würfelgebäude" in einer zweiten Klasse

GRIN Verlag

Bibliografische Information der Deutschen Nationalbibliothek:

Die Deutsche Bibliothek verzeichnet diese Publikation in der Deutschen Nationalbibliografie; detaillierte bibliografische Daten sind im Internet über http://dnb.d-nb.de/ abrufbar.

Impressum:

Druck und Bindung: Books on Demand GmbH, Norderstedt Germany
ISBN: 978-3-640-70272-5

Dieses Buch bei GRIN:

http://www.grin.com/de/e-book/156695/foerderung-des-raeumlichen-vorstellungs-vermoegens-im-mathematikunterricht

Schriftliche Hausarbeit im Rahmen der
zweiten Staatsprüfung für das Lehramt an
Grund-, Haupt- und Realschulen
gem. § 13 PVO-Lehr II vom 18.10.2001

Förderung des räumlichen Vorstellungsvermögens im Mathematikunterricht der Grundschule am Beispiel der Unterrichtseinheit „Würfelgebäude“ in einer zweiten Klasse

vorgelegt von:

Name: Nina Bücker, Lehramtsanwärterin

Bremervörde, den 04.11.2008

Inhaltsverzeichnis

1 Einleitung

Viele Schüler[1] beschäftigen sich mit Konzentration und Begeisterung mit geometrischen Inhalten. Eigene Beobachtungen und die von Kollegen zeigen, dass Schüler, speziell aber die Jungen, in Freiarbeitszeiten gerne mit Bauklötzen spielen. Diese vorhandene Lernmotivation gilt es für Lehrkräfte im Geometrieunterricht zu nutzen, aufrechtzuerhalten bzw. bei allen Kindern zu wecken sowie die Verknüpfung zur kindlichen Umwelt zu berücksichtigen. Für die praktischen Tätigkeiten, zu denen die Schüler dabei herausgefordert werden, sind nur wenige Vorkenntnisse erforderlich und nahezu jedes Kind kann Erfolgserlebnisse verbuchen. Die Notwendigkeit über ein entwickeltes Raumvorstellungsvermögen zu verfügen, wird u.a. in Bezug auf die Erschließung der unmittelbaren Lebenswelt der Schüler und die Orientierung in ihr deutlich (vgl. Radatz & Rickmeyer, 1991, S. 7).
„Seit jeher ist eines der obersten Ziele des Geometrieunterrichts die Förderung der *Raumvorstellung*“ (ebd., S. 17; Hervorhebung im Original). Obwohl dies nicht nur in der Literatur, sondern vielmehr in den Bildungsstandards und im Kerncurriculum der Grundschule ausdrücklich verlangt wird (vgl. Sekretariat der Ständigen Kultusminister der Länder in der in der Bundesrepublik Deutschland (BRD), 2004, S. 12f und vgl. Niedersächsisches Kultusministerium, 2006, S. 26), beträgt der Anteil der räumlichen Geometrie lediglich etwa ein Drittel am gesamten Geometrieunterricht, welcher wiederum nur rund 18% des Mathematikunterrichts an der Grundschule für sich beanspruchen kann (vgl. Maier, 1999b, S. 234). Aufgrund der Tatsache, dass das räumliche Vorstellungsvermögen ein Teil der menschlichen Intelligenz ist, hat es eine essentielle Bedeutung für die Bewältigung des täglichen Lebens und muss daher schon beim Kinde geschult werden (vgl. 2.1.2.2). Aus diesem Grund und wegen der vorhandenen Diskrepanz zwischen Theorie und Praxis habe ich ein raumgeometrisches Thema gewählt, anhand dessen praktischer Umsetzung exemplarisch dargestellt werden soll, wie das räumliche Vorstellungsvermögen von Kindern im Mathematikunterricht der Grundschule gefördert werden kann. Zudem stellt es auch für mich als Lehrkraft eine Herausforderung dar, weil die Förderung der Raumvorstellung ein anspruchsvolles Vorhaben ist.

In der vorliegenden Arbeit steht daher die Frage im Mittelpunkt, ob die neunzehn Schüler der Klasse 2c durch meine Unterrichtseinheit bzw. durch die von mir gewählten Zielintentionen und didaktisch-methodischen Entscheidungen in ihrem räumlichen Vorstellungsvermögen gefördert werden konnten bzw. welchen Lernzuwachs sie im räumlich-visuellen Bereich erzielen konnten. Um dabei zu aussagekräftigen Ergebnissen zu gelangen, werden vor und nach Durchführung der Unterrichtseinheit „Würfelgebäude“, in der der

[1] Aus Gründen der besseren Lesbarkeit wird im Folgenden für Personenbezeichnungen beider Geschlechter ausschließlich die maskuline Form verwendet.

Schwerpunkt auf dem Bauen von Würfelgebäuden nach Bildvorlage und Bauplan sowie auf dem Schreiben von Bauplänen zu gegebenen Würfelgebäuden liegt, zwei Untertests des Heidelberger Rechentests 1-4 (HRT 1-4; Haffner, Baro, Parzer & Resch, 2005) aus dem räumlich-visuellen Bereich in der Klasse geschrieben, um diesbezügliche Veränderungen festzustellen: Der Untertest „Würfelaufgaben" und der Untertest „Längenschätzen" (vgl. 3.4.1). Da bspw. die Fähigkeit, sich das Vorhandensein verdeckter Würfel eines Würfelgebäudes vorstellen zu können (notwendig beim Untertest „Würfelaufgaben"), ein wichtiger Aspekt der Raumvorstellung ist, gehe ich zunächst davon aus, dass dies einige Schüler bereits beherrschen, andere dagegen noch nicht. In diesem Zusammenhang wird an dieser Stelle die *zentrale These* aufgestellt, *dass sich das räumliche Vorstellungsvermögen durch die Unterrichtseinheit individuell bei jedem Kind im Vergleich zum Ausgangstest verbessern wird*, da es als kognitive Fähigkeit und Teil der menschlichen Intelligenz insbesondere im Grundschulalter trainierbar ist (vgl. 2.2.1). Ich erwarte, *dass sich durch die Unterrichtseinheit Fortschritte in der Entwicklung der Raumvorstellung im Bereich der Mengenerfassung mit einem räumlichen Schwerpunkt (Untertest „Würfelaufgaben") zeigen werden*, weil die Schüler während der Unterrichtseinheit die in der Literatur geforderten zahlreichen Handlungserfahrungen sammeln und bei der Arbeit mit Würfelgebäuden und Bauplänen einen ständigen Wechsel zwischen zwei- und dreidimensionaler Ebene bzw. zwischen enaktiver, ikonischer und symbolischer Ebene vollziehen müssen, wodurch von der konkreten Handlung langsam unabhängige Vorstellungsbilder entstehen: „Räumliches Vorstellungsvermögen beginnt nicht gleich im Kopf, sondern braucht eine Basis. Das Bauen mit Würfeln und das Übertragen der Gebäude in die Zweidimensionalität sind wichtige Schritte, um diese zu schaffen" (Steinau, 2007, S. 22).
Weitere zu überprüfende Fragen sind, ob sich einerseits *positive Korrelationen zwischen den Testwerten beider Untertests* zeigen werden und ob sich andererseits beim Vergleich der Ergebnisse des zweiten Untertests „Längenschätzen" vorher und nachher *Synergieeffekte* ergeben, das heißt ob sich die Ergebnisse z.B. dann verbessern, wenn dies auch bei den Ergebnissen des Untertests „Würfelaufgaben" der Fall ist oder ob sie unverändert bleiben.

Die Analyse tief greifender Zusammenhänge zwischen dem räumlichen Vorstellungsvermögen und einer vorhandenen Rechenschwäche (Dyskalkulie) sowie geschlechtsspezifischen Differenzen in diesem Bereich ebenso wie die Darstellung möglicher Lösungsstrategien bei der Bearbeitung räumlich-visueller bzw. räumlich-geometrischer Aufgaben würden den Rahmen dieser Hausarbeit weit überschreiten und werden daher ausgeklammert.

Dass visuelle Wahrnehmungsfähigkeiten und räumliches Vorstellungsvermögen nicht nur untrennbar miteinander verwoben sind, sondern dass die Raumvorstellung darüber hinaus ein Faktor der menschlichen Intelligenz und damit auch eine grundlegende Fähigkeit des Menschen ist, die in allen Schulfächern und in vielen Alltags- und Berufssituationen benötigt wird, wird nach einer Begriffsbestimmung im ersten Teil des zweiten Kapitels, in dem die theoretischen Grundlagen für das Thema der Arbeit gelegt werden, dargestellt. Zudem werden aufgrund der Komplexität dieses Intelligenzfaktors bedeutsame Teilkomponenten desselben hinsichtlich der Themenstellung dieser Arbeit erläutert. Eine zweite wichtige theoretische Grundlage ist die Entwicklung des räumlichen Vorstellungsvermögens beim Menschen. Diese wird gemäß der Entwicklungstheorie Piagets und der lernprozessorientierten Stufentheorie van Hieles im Grundschulalter erläutert.

Vor dem Hintergrund dieser theoretischen Grundlagen werden im dritten Kapitel Folgerungen für die konkrete Unterrichtsplanung gezogen. Mögliche Gründe dafür, warum raumgeometrische Inhalte in der unterrichtlichen Praxis nicht entsprechend der Forderungen der Theorie berücksichtigt und umgesetzt werden, werden eingangs des dritten Kapitels skizziert, um im weiteren Verlauf genau darauf einzugehen, welche Bedeutung die Förderung des räumlichen Vorstellungsvermögens im Geometrieunterricht der Grundschule hat und welche Rolle die Handlungsorientierung dabei sowie innerhalb der dargestellten Unterrichtseinheit innehat. Anschließend wird der HRT vorgestellt, sein Einsatz begründet und die Lernausgangslage meiner Lerngruppe im räumlich-visuellen Bereich anhand der Ergebnisse des Vortests bestimmt, um dann im vierten Kapitel den Aufbau, die verfolgten Ziele sowie die Unterrichtseinheit „Würfelgebäude" an sich konkret darzustellen. Dabei analysiere und reflektiere ich zwei ausgewählte Stunden ausführlich, die die verfolgte Absicht – das räumliche Vorstellungsvermögen der Schüler zu fördern – in unterrichtspraktischer Hinsicht unterstreichen sollen.

Im fünften Kapitel wird die Unterrichtseinheit bzw. ihr Verlauf zunächst insgesamt reflektiert. Daran schließt sich die Auswertung an, die durch meine subjektiven Eindrücke und Erkenntnisse, die ich im Verlaufe der Einheit gewonnen habe, eingeleitet wird. Konkretisiert wird diese Auswertung durch den Vergleich der Ergebnisse des HRT-Nachtests mit denen des Vortests, um zum einen das Erreichen der verfolgten Zielintentionen und zum anderen die zuvor aufgestellte zentrale These zu überprüfen sowie die aufgeworfenen Fragestellungen zu beantworten, bevor diese Hausarbeit durch ein Resümee abgerundet wird.

2 Theoretische Grundlagen zum räumlichen Vorstellungsvermögen

2.1 Das räumliche Vorstellungsvermögen und seine Teilkomponenten

2.1.1 Visuelle Wahrnehmung

Das Sehen durch das Auge ist zwar die Grundlage der visuellen Wahrnehmung, der gesamte Wahrnehmungsprozess ist jedoch darüber hinaus „...eng mit anderen Funktionen (Denken, Gedächtnis, Vorstellungen aber auch Sprache) verbunden“ (Radatz & Rickmeyer, 1991, S. 15). Die Wahrnehmung als ein Erkennen macht dabei von Gegenständen oder Objekten „...aus physikalischen Reizen eine Sache mit ‚Bedeutung', und dies ist nur möglich, wenn in die Wahrnehmung ein schon vorhandenes ‚Bedeutungswissen' einfließt“ (Nolting & Paulus, 1999, S. 45). Das heißt, dass das, was wahrgenommen wird, zum einen abhängig ist von individuellen Erwartungen und Motivationen (selektive Wahrnehmung) und zum anderen immer mit schon vorhandenem Wissen in Verbindung gebracht wird, um anschließend in einem kognitiven, äußerst komplexen Prozess verarbeitet zu werden (vgl. ebd., S. 46). Daher bildet die Fähigkeit, seine Umwelt visuell wahrzunehmen, die Grundlage dafür, um sich in dieser zu orientieren, koordiniert zu bewegen und sein alltägliches Leben zu bewältigen. Damit ist es gleichzeitig „...die Voraussetzung für das räumliche Gedächtnis...“ (Franke, 2007, S. 51) und ein räumliches Vorstellungsvermögen (vgl. 2.1.2). Diese Fähigkeit muss bei Kindern bspw. durch das Sammeln von Raumerfahrungen angeregt werden, um Defizite im räumlichen Wahrnehmungsbereich möglichst zu vermeiden. Hierbei sollten vor allem Handlungen bzw. das aktive Hantieren mit konkretem Anschauungsmaterial im Vordergrund stehen, weil dadurch „...die Grundlagen für das Entstehen und langfristige Speichern von Bildern in unserer Vorstellung gebildet“ (Maier, 1999b, S. 13) werden und sich auf diese Weise eine nachhaltige Begriffsbildung vollziehen kann (vgl. 3.3).

In der Literatur werden allgemein fünf Bereiche der visuellen Wahrnehmung unterschieden: Die visumotorische Koordination, die Figur-Grund-Diskriminierung, die Wahrnehmungskonstanz, die Wahrnehmung räumlicher Beziehungen und die Wahrnehmung der Raumlage.[2] Insbesondere die zwei letzteren Komponenten sind bedeutsam in Bezug auf die Themenstellung, da das räumliche Vorstellungsvermögen der Kinder bzw. die Förderung dessen vor und nach Durchführung der Unterrichtseinheit „Würfelgebäude“ durch die Untertests „Längenschätzen“ und „Würfelaufgaben“ des HRT (vgl. Haffner et al., 2005)

[2] Da dieser Bereich der Raumvorstellung nicht Schwerpunkt dieser Arbeit ist, wird er kurz skizziert und es sei an dieser Stelle u.a. auf folgende ausführlichere Quellen hingewiesen: Radatz & Rickmeyer (1991, S. 15ff), Maier (1999b, S. 11ff) oder Franke (2007, 33ff), wobei Frostig 1972 die Grundlage dieser Unterteilung gelegt hat.

überprüft wird. Die Schüler müssen beim „Längenschätzen“ auf der ikonischen Ebene die Längen verschiedener Strecken in einer ihnen vorgegebenen Maßeinheit angeben bzw. bei den „Würfelaufgaben“ die räumliche Lage und die Raum-Lage-Beziehungen der Würfel erkennen, um deren Anzahl korrekt erfassen zu können (vgl. 3.4.1). Um vor allem Letzteres (verbessert) leisten zu können, müssen sie konkret mit Würfeln bzw. Würfelgebäuden im dreidimensionalen Raum Handlungserfahrungen sammeln bzw. damit operieren (vgl. 3.3 und vgl. Kapitel 4). Auch Lorenz & Radatz (1993, S. 108) führen für die Förderung des visuellen Wahrnehmens und des räumlichen Vorstellens das „Bestimmen / Zählen nicht sichtbarer Elemente“ an, wobei es um die Frage geht: „Aus wie vielen Würfeln sind diese Figuren gebaut?“.

2.1.2 Räumliches Vorstellungsvermögen

2.1.2.1 Begriffsbestimmung

Im Unterschied zur visuellen, vorwiegend sinnlichen Wahrnehmung „...versteht man unter dem Räumlichen Vorstellungsvermögen ein **mentales** Operieren mit räumlichen Objekten“ (Franke, 2006, S. 52; Hervorhebung im Original) bzw. „die Fähigkeit, in der **Vorstellung** räumlich zu sehen und räumlich zu denken.“ (Maier, 1999b, S. 14; Hervorhebung im Original). Das räumliche Vorstellungsvermögen geht also über die visuelle Wahrnehmung hinaus, weil durch die kognitive Verarbeitung des Wahrgenommenen mentale Vorstellungsbilder entstehen (visuelles Gedächtnis), die schließlich nach zahlreichen Handlungserfahrungen gedanklich abrufbar sind, ohne dass die entsprechenden Objekte in greifbarer Nähe sind. Zudem ist es „...eine zentrale Fähigkeit, die unsere Wahrnehmung und Vorstellung von der Umwelt und damit die Qualität der Interaktion mit ihr nachhaltig beeinflusst“ (Maier, 1999a, S. 4). Der Mensch benötigt es bspw. beim Lesen von Landkarten, Stadtplänen oder Bauanleitungen sowie beim Schneiden mit der Schere oder beim Verhalten im Straßenverkehr und in vielen weiteren alltäglichen oder beruflichen Situationen (vgl. Besuden, 1999, S. 4).

In der Literatur werden für die Bezeichnung *räumliches Vorstellungsvermögen* die Begriffe Raumvorstellungsvermögen und Raumvorstellung (vgl. Maier, 1999b, S. 14) bzw. räumliches Denken oder Visualisieren (vgl. Franke, 2006, S. 28) synonym verwendet. Trotzdem bemängelt Maier (1999b, S. 70), „...die unbefriedigende Situation, dass innerhalb verschiedener Forschungsgebiete (Psychologie, Psychiatrie, Pädagogik, Neurologie, ...) zahlreiche sich überschneidende oder gar widersprechende Definitionen des Begriffs Raumvorstellung existieren“. In dieser Arbeit werden die o.g. Begrifflichkeiten ebenfalls gleichbedeutend verwendet.

2.1.2.2 Räumliches Vorstellungsvermögen als Faktor der menschlichen Intelligenz

Die Raumvorstellung gilt – wie Thurstone 1938 festgestellt hat – als eine bedeutsame und äußerst komplexe Komponente der menschlichen Intelligenz (vgl. Maier, 1999b, S. 18 und vgl. Franke, 2006, S. 52), die darüber hinaus in einem engen Zusammenhang zur mathematischen Leistungsfähigkeit steht (eine ausführliche Zusammenfassung von Studien und deren Kritik zu diesem Bereich findet sich bei Maier (1999b, S. 161ff)). Thurstone stellt sieben wesentliche Primärfaktoren der Intelligenz heraus, die der Vollständigkeit halber an dieser Stelle genannt sind (nähere Erläuterungen zu den einzelnen Faktoren vgl. ebd., S. 18ff oder Franke, 2006, S. 52ff):

1. Sprachverständnis (Faktor V (Verbal))
2. Wortflüssigkeit (Faktor W (Word Fluency))
3. Rechenfertigkeiten (Faktor N (Numbers))
4. Wahrnehmungstempo (Faktor P (Perception))
5. **Räumliches Vorstellungsvermögen (Faktor S (Space))**
6. Merkfähigkeit (Faktor M (Memory))
7. Logisch-Schlussfolgerndes Denken (Faktor R (Reasoning))

Der Faktor räumliches Vorstellungsvermögen umfasst – wie eingangs des Kapitels 2.1.2.1 bereits erwähnt – die Fähigkeit, mental mit zwei- und dreidimensionalen Objekten operieren zu können und wird aufgrund seiner Komplexität in der Literatur in verschiedene Teilkomponenten untergliedert (vgl. 2.1.2.3).

Die Eigenständigkeit des Intelligenzfaktors Space wurde anschließend durch die Studien vieler Intelligenzforscher bestätigt, wobei die Theorie der multiplen Intelligenzen nach Gardner vermutlich am weit verbreitesten ist. Neben die räumliche Intelligenz, die die Fähigkeit beschreibt, „...die visuell-räumliche Welt zu erfassen und sie sich bildhaft vorzustellen“ (Nolting & Paulus, 1999, S. 81), treten außerdem die linguistische, die musikalische, die mathematisch-logische, die körperlich-kinästhetische, die intrapersonale und die interpersonale Intelligenz (ausführlicher vgl. ebd., S. 81). Nach Maier (1999b, S. 24; Hervorhebung im Original) geht es Gardner darum, „...die Intelligenzleistungen zu beschreiben, die letztlich in allen Kulturen und (bei; Vf.) allen Menschen anzutreffen sind; die *räumliche Intelligenz* ist dabei von essentieller Bedeutsamkeit“. Denn als eine zentrale menschliche Fähigkeit ist das räumliche Vorstellungsvermögen unabdingbar zur Wahrnehmung der Umwelt und umgekehrt bilden wir es durch unsere unmittelbaren Erfahrungen in der dreidimensionalen Welt weiter aus. Daran wird deutlich, wie wichtig es ist, diesen Bereich der menschlichen Intelligenz bereits in der Grundschule zu fördern, wozu der Mathematikunterricht (bzw. die darin enthaltenen geometrischen Inhalte) einen großen Anteil leisten kann und muss (vgl. 3.1 und vgl. 3.2).

2.1.2.3 Bedeutsame Teilkomponenten des räumlichen Vorstellungsvermögens für die Themenstellung

Um die Bereiche des räumlichen Vorstellungsvermögens herauszufiltern, die in Bezug auf die Themenstellung eine Relevanz besitzen, müssen zunächst die in der Literatur genannten grundlegenden Teilkomponenten erläutert werden. Die erste differenzierte Darstellung des Faktors Raumvorstellung hat Thurstone in seiner Drei-Faktoren-Hypothese vorgenommen (vgl. Maier, 1999b, S. 34), die durch das Kategoriensystem nach Linn & Petersen sinnvoll auf fünf voneinander abhängige Komponenten ergänzt werden kann (vgl. ebd., S. 50). Besuden hat das räumliche Vorstellungsvermögen in den 1970er Jahren in drei zusammenhängende Unterfaktoren eingeteilt (vgl. Besuden, 1999, S. 4ff). Deshalb werden im Folgenden in Anlehnung an Maier (1999b) – der überdies weitere Ansätze zur Unterteilung des Faktors Raumvorstellung skizziert und kritisiert hat – und Franke (2006) die Zusammenfassung der beiden Strukturkonzepte von Thurstone und Linn & Petersen kurz dargestellt, wobei auf die detaillierte Beschreibung beider Konzepte sowie der Aufgaben zur Messung des jeweiligen Teilbereichs verzichtet werden soll. Zum einen, weil dies den Rahmen der vorliegenden Arbeit deutlich überschreiten würde und zum anderen sind die jeweiligen Konzepte samt Aufgabenbeispielen u.a. bei den genannten Autoren anschaulich erläutert. Anschließend folgt die Untergliederung des Faktors Space nach Besuden.

Die angesprochenen fünf Subkomponenten des räumlichen Vorstellungsvermögens, die sich durch die Zusammenfassung der Strukturkonzepte Thurstones und Linn & Petersens nach Maier (1999b, S. 51) ergeben, werden nun kurz beschrieben. Sie lassen sich einerseits „aufgrund definitorischer Überschneidungen und wegen der Anwendung unterschiedlicher Lösungsstrategien von Testpersonen bei vielen Testaufgaben (...) nicht eindeutig voneinander (abgrenzen; Vf.)“ (Maier, 1999a, S. 10) und unter ihnen existieren andererseits mehr oder weniger starke wechselseitige Beziehungen und Abhängigkeiten: *Räumliche Wahrnehmung, Veranschaulichung, Vorstellungskraft von Rotationen, Räumliche Beziehungen* und *Räumliche Orientierung* (Franke (2006, S. 57ff) subsumiert die Vorstellungsfähigkeit von Rotationen in den Bereich der räumlichen Beziehungen und kommt daher nur auf vier Unterbereiche).
Bei der Subkomponente <u>räumliche Wahrnehmung</u> spielt „...die Orientierung des eigenen Körpers, das *Körperschema*, eine wesentliche Rolle“ (Maier, 1999b, S. 45; Hervorhebung im Original), um die Horizontale und Vertikale erkennen zu können. Der Subfaktor <u>Veranschaulichung</u>, welcher z.T. auch räumliche Visualisierung genannt wird, „...umfasst die gedankliche Vorstellung von räumlichen Bewegungen wie Drehungen, Verschiebungen und Faltungen von Objekten bzw. Teilen von ihnen sowie gedankliches Zerlegen und Zusammensetzen ohne Verwendung anschaulicher Hilfen“ (Franke, 2006, S. 60). Bei der

Fähigkeit zur mentalen Rotation geht es darum, sich Rotationen von zwei- und dreidimensionalen Objekten vergegenwärtigen zu können (vgl. Maier, 1999b, S. 47). Um räumliche Beziehungen herstellen zu können, müssen räumliche „...Gruppierungen von Objekten oder Teilen von ihnen und deren Beziehung untereinander“ (Franke, 2006, S. 57) korrekt erfasst werden, wobei starre Objekte als Ganzes mental bewegt werden (drehen oder spiegeln) und sich die Person außerhalb der Aufgabensituation befindet. Sowohl bei der Komponente räumliche Beziehungen als auch bei der Komponente räumliche Orientierung ist zunächst „...die Identifizierung eines Objekts aus verschiedenen Blickwinkeln...“ (Maier, 1999b, S. 38) wichtig. Sich räumlich orientieren zu können beschreibt „...die Fähigkeit, sich real oder mental im Raum zurechtzufinden“ (Franke, 2006, S. 64), wobei sich die Person dabei i.d.R. innerhalb der Aufgabenstellung befindet.

Besuden (1999, S. 4ff) unterteilt die Raumvorstellung in die drei Teilaspekte räumliche Orientierung, räumliches Vorstellungsvermögen und räumliches Denken, die ebenfalls voneinander anhängig sind. Dabei führt er die Subkomponente räumliche Wahrnehmung im Vergleich zu der Zusammenfassung nach Maier (s.o.) nicht extra auf, da er diese und das räumliche Sehen „...mehr als Voraussetzung für die Raumvorstellung“ (ebd., S. 4) ansieht. Die Fähigkeit des räumlichen Orientierens entspricht in diesem Zusammenhang sinngemäß der o.g. Beschreibung, wobei Besuden ergänzend Beispiele aus dem Alltag wie die korrekte Erfassung der Links-rechts-Beziehung anführt (vgl. ebd., S. 5). Das räumliche Vorstellungsvermögen ist die Fähigkeit, „...räumliche Objekte auch bei deren Abwesenheit reproduzieren zu können, sei es durch Sprache oder zeichnerische Wiedergabe“ (ebd., S. 5). Diese Definition spiegelt den eigentlichen Kern der Raumvorstellung bzw. des Begriffs selber wider (vgl. 2.1.2.1) und setzt visuelle Wahrnehmungen durch Handlungserfahrungen mit konkreten Objekten voraus (vgl. 2.1.1 und vgl. 3.3). Beim räumlichen Denken geht es um die Fähigkeit, mit Vorstellungsinhalten gedanklich zu operieren, wobei hierzu bereits Handlungen mit Objekten verinnerlicht worden sein müssen. „Dies ist die höchste Stufe der Raumvorstellung, auf der also nicht nur die Gegenstände anschaulich präsent sind, sondern auch noch Lageveränderungen und Drehungen an ihnen gedanklich vollzogen werden können“ (ebd., S. 5). Ferner gehört die mentale Rotation eines Objektes dazu, wenn es um die Frage geht, wie es von der Seite oder von hinten aussieht. An dieser Stelle wird die enge Verknüpfung zur räumlichen Orientierung deutlich.

Für die Inhalte und Zielintentionen der Unterrichtseinheit (vgl. 4.2) und damit für die Themenstellung der Arbeit sind aufgrund der vielseitigen Wechselwirkungen der einzelnen Subkomponenten der Raumvorstellung zwar mehr oder weniger alle Fähigkeiten von Bedeutung, da sie Voraussetzungen für das Bauen und das Vorstellen der Würfelgebäude sowie letztendlich für das räumliche Vorstellungsvermögen an sich sind. V.a. aber spielen das räumliche Orientieren nach Besuden auch im Sinne des Erfassens und Herstellens räumlicher Beziehungen in diesem Zusammenhang eine wichtige Rolle (bspw. sind bei der Abbildung einige Würfel verdeckt und ihre Anzahl soll bestimmt werden, wozu die Würfelanzahl dahinter z.B. durch Zählstrategien ermittelt werden (wie viele befinden sich rechts, links, darunter oder dahinter?) (vlg. 3.4.1)). Des Weiteren ergibt sich diese Zuordnung, weil sich die zur Einheit gehörenden Inhalte in den Bildungsstandards (und damit im Kerncurriculum) im Bereich *Raum und Form* wieder finden, für den beschrieben wird, dass die Schüler „zwei- und dreidimensionale Darstellungen von Bauwerken (z.B. Würfelgebäuden) zueinander in Beziehung setzen [sollen; Vf.] (nach Vorlage bauen, zu Bauten Baupläne erstellen ...)" (Sekretariat der Ständigen Konferenz der Kultusminister der Länder in der BRD, 2004, S. 12) und dies dort dem Unterbereich *sich im Raum orientieren* zugeordnet wird. Die Teilkomponente räumliches Denken nach Besuden kommt (in Ansätzen) dann zum Tragen, wenn durch den HRT nach Ende der Unterrichtseinheit überprüft wird, inwiefern sich das räumliche Vorstellungsvermögen der Schüler verändert hat. Denn danach sollte es ihnen möglich sein (durch die Verinnerlichung der konkreten Handlungen mit Holzwürfeln), sich verdeckte Würfel vorstellen zu können. Daran wird wiederum die enge Verknüpfung zu den Subkomponenten räumliches Orientieren und erfassen und herstellen räumlicher Beziehungen deutlich. Erreichen einige Schüler tatsächlich bereits die höchste Ebene – das räumliche Denken – dann sind sie in der Lage, die Anzahl der Würfel durch die gedankliche Drehung der Würfelfigur zu bestimmen (mentale Rotation). Welche Strategie Schüler jedoch im Einzelfall anwenden, wird schwer bzw. gar nicht zu erfassen sein, da sich die individuellen Gedankengänge von mir nicht anhand einer Anzahlbestimmung nachvollziehen lassen. Diesbezüglich werde ich mehrere Schüler während Einzelarbeitsphasen auffordern, mir zu beschreiben bzw. zu erklären, wie sie vorgehen, wenn sie auf rein ikonischer Ebene die Anzahl der Würfel eines Würfelgebäudes bestimmen sollen (vgl. 5.2.1).

2.2 Entwicklung des räumlichen Vorstellungsvermögens

Um weder zu hohe noch zu niedrige Anforderungen und Erwartungen an die Leistungen meiner Lerngruppe in Bezug auf ihr räumliches Vorstellungsvermögen bzw. die Entwicklung dessen durch die Unterrichtseinheit zu stellen, sondern sie richtig einschätzen zu können, wird der allgemeine kognitive Entwicklungsstand von Schülern zu Beginn des zweiten Schuljahres kurz dargestellt und erläutert. Dabei werde ich mich exemplarisch auf zwei wesentliche Theorien beschränken, die sich mit der Entwicklung des räumlichen Denkens bzw. mit dem Lernen von Geometrie auseinandersetzen. Das ist zum einen Piagets Erkenntnistheorie zur Repräsentation des Raumes im Vor- und Grundschulalter und zum anderen die Stufentheorie des Ehepaars van Hiele. Auf eine umfassende Darstellung beider Theorien, zugehöriger verschiedener Kritiken sowie eine Diskussion und Skizzierung der Weiterführung der Ansätze wird an dieser Stelle jedoch verzichtet (vgl. dazu u.a.

Mietzel (2002) oder Zech (2002)). Für die theoretischen Grundlagen der Arbeit sind nur die Befunde relevant, die etwas über die Entwicklung des räumlichen Denkens bzw. Vorstellungsvermögens von Kindern im Grundschulalter aussagen.

2.2.1 Die Grundzüge der Entwicklung des räumlichen Denkens nach Piaget

Es ist in der Psychologie und in der Pädagogik unumstritten, dass die Untersuchungen Piagets und seiner Mitarbeiter trotz zahlreicher Kritiken „...bis heute die wichtigste Erkenntnisgrundlage für das Verständnis geometrischen Lernens“ (Radatz & Rickmeyer, 1991, S. 11) und der Entwicklung des kindlichen Denkens überhaupt bilden. Piaget entwickelte auf der Grundlage seiner Beobachtungen ein Modell der Intelligenzentwicklung, bei dem er die kognitive Entwicklung des Kindes idealtypisch in vier aufeinander aufbauende, in ihrer Denkleistung durch höhere Anforderungen gekennzeichnete Stadien bzw. Phasen einteilt, die teilweise wiederum weitere Unterteilungen aufweisen (Mietzel, 1986, S. 67ff). Eine für die Grundschule wichtige Erkenntnis aus Piagets Untersuchungen ist die Tatsache, dass Handlungen in der Vorstellung erst dann vollzogen werden können, wenn diese zuvor an konkretem Material durchgeführt worden sind (vgl. 3.3). Hinsichtlich der Stufentheorie werden die Altersangaben jedoch heutzutage – vor dem Hintergrund vieler Nachuntersuchungen (vgl. Zech, 2002, S. 93ff) – als Orientierung betrachtet, da die Denkentwicklung nicht starr in Stufen und darüber hinaus bei jedem Individuum unterschiedlich verläuft (vgl. Mietzel, 1986, S. 68ff; die Altersangaben und Bezeichnungen der einzelnen Stufen sind in der Literatur nicht einheitlich):

- sensomotorische Phase (0-2Jahre)
- voroperationale Phase (2-7 Jahre)
- konkret-operationale Phase (7-11 Jahre)
- formal-operationale Phase (ab 11 Jahre)

Daran ist erkennbar, dass sich die Kinder meiner Lerngruppe im Übergang von der vor- zur konkret-operationalen Phase oder sich bereits in der Letztgenannten befinden, da alle sieben bzw. acht Jahre alt sind. Aus diesem Grund wird insbesondere die konkret-operationale Entwicklungsphase bezogen auf die Raumvorstellung näher betrachtet, während die Übrigen der Vollständigkeit halber genannt und ggf. kurz angeschnitten werden.
Das Durchlaufen dieser Entwicklungsstufen ist „...durch verschiedene Geometrien gekennzeichnet (...). Die räumlichen Beziehungen müssen Schritt für Schritt aufgebaut werden, das Kind empfängt sie nicht passiv nur aufgrund von Wahrnehmung, sondern es konstruiert die Beziehungen ausgehend vom konkreten Handeln mit räumlichen Gegenständen“ (Franke, 2006, S. 77). Hier wird die unerlässliche Bedeutung der Handlungsorientierung im Geometrieunterricht deutlich, damit das Kind von der konkreten Ebene auf die abstraktere bildliche und schließlich auf eine von Handlungen und Bildern losgelöste Ebene gelangen kann, indem es die Vorstellungsbilder verinnerlicht und mit ihnen mental

operieren kann (vlg. 3.3), weil „...sich räumliche Vorstellungen nicht entwickeln können, bevor entsprechende Handlungen selbst durchgeführt wurden...“(Maier, 1999b, S. 88). Kinder sammeln von Geburt an individuelle Erfahrungen im bzw. mit dem Raum, die sich v.a. durch taktile und sinnliche Tätigkeiten mit realen Objekten in der voroperationalen Phase zu räumlichen Vorstellungen entwickeln, die dann mental das wirkliche Handeln ersetzen. Dabei versteht Piaget „unter Operationen (...) Ereignisabläufe, die auf gedanklicher Ebene nach bestimmten logischen Regeln ablaufen“ (Mietzel, 1986, S. 68).
Im Stadium der konkreten Operationen ist das räumliche Denken des Kindes zwar weiterhin „...an konkrete Vorstellungen (d.h. die unmittelbare Anschauung oder zuvor gemachte Erfahrung) gebunden, aber es ist jetzt durch eine größere Beweglichkeit gekennzeichnet. Die Denkhandlungen werden ‚kompositionsfähig' (zusammensetzbar) und ‚reversibel' (umkehrbar)“ (Zech, 2002, S. 91). Darüber hinaus geht laut Maier (1999b, S. 116) aus zahlreichen Studien hervor, „...dass das räumliche Vorstellungsvermögen von Personen unterschiedlichen Alters trainierbar ist“ und dass sich diese Fähigkeit insbesondere im Zeitraum vom siebten bis dreizehnten Lebensjahr ausbilden bzw. fördern lässt (vgl. 3.2).

Des Weiteren differenziert Piaget bei der kognitiven Entwicklung räumlicher Fähigkeiten und Fertigkeiten zwischen drei Bereichen räumlicher Beziehungen, die ebenfalls wie Stufen nacheinander durchlaufen werden. Dabei handelt es sich in der voroperationalen Phase um das Erkennen topologischer Beziehungen bzw. Raumvorstellungen (z.B. innen – außen; offen – geschlossen) und in der konkret-operationalen Phase um zunehmende Fähigkeiten bzgl. projektiver (bspw. ein mentaler Perspektivenwechsel ist möglich) und euklidischer Beziehungen bzw. Raumvorstellungen (z.B. Invarianz und Kongruenz) (vgl. dazu ausführlich u.a. Franke (2006, S. 79ff) oder Maier (1999b, S. 90ff)). Zudem werden „...räumliche Lagen gesehen und Körperformen können nach ihren Eigenschaften unterschieden werden“ (Radatz & Rickmeyer, 1991, S. 12). Insbesondere die beiden letztgenannten Aspekte und der des Perspektivenwechsels sind für die Unterrichtseinheit „Würfelgebäude“ damit für die Überprüfung der eingangs gestellten Thesen zu einer möglichen Förderung der Raumvorstellung von Bedeutung (vgl. Kapitel 1, 4 und 5.2). Dies begründet sich u.a. daraus, dass die Schüler diese als Voraussetzung benötigen, um die gestellten Anforderungen überhaupt leisten zu können, was vor dem Hintergrund der wissenschaftlichen Erkenntnisse als gegeben angesehen werden kann. Nur so kann auch von einer gezielten Förderung des räumlichen Vorstellungsvermögens gesprochen werden.

2.2.2 Van Hieles Stufenmodell zum Verständnis geometrischer Begriffe

Im Gegensatz zu Piagets Untersuchungen, die weniger in der Praxis durchgeführt wurden, entwickelte das Ehepaar van Hiele auf der Grundlage vielfältiger und differenzierter Beobachtungen von Schülern im Unterricht ein Stufenmodell, das die Entwicklung des Verständnisses geometrischer Begriffe und des geometrischen Denkens in Form eines

Lernprozesses (und nicht wie bei Piaget in Form eines Entwicklungsprozesses) beschreibt. Dabei durchläuft das Kind fünf aufeinander aufbauende Denkebenen im Lernprozess, die ein zunehmenderes Verständnis abstrakterer geometrischer Inhalte und Begrifflichkeiten beinhalten (vgl. Maier, 1999b, S. 98ff). Diese Niveaustufen beziehen sich jedoch hauptsächlich auf den Sekundarstufenbereich und können nur dann erfolgreich bewältigt werden, „...wenn eine Förderung und Anregung durch geeignete unterrichtliche Maßnahmen erfolgt. So sehen die VAN HIELES im Vergleich zu PIAGET nicht so sehr eine Bedeutung in der altersgemäßen Entwicklung als vielmehr in den sinnvollen Methoden und Materialangeboten des Unterrichts“ (Radatz & Rickmeyer, 1991, S. 13). Das heißt, dass auch hier die unerlässliche Bedeutung der Handlungsorientierung – v.a. in der Grundschule – beim Verinnerlichungsprozess mentaler Vorstellungsbilder und damit auch bei der Förderung des räumlichen Vorstellungsvermögens betont wird (vgl. 2.2.1 und vgl. 3.3).

Die fünf Denkebenen van Hieles werden – bis auf die Niveaustufe 0, die von Grundschülern erreicht wird und damit für die theoretischen Grundlagen dieser Arbeit wichtig ist – im Folgenden nicht näher erläutert (dazu sei auf Radatz & Rickmeyer (1991, S. 13ff) oder Franke (2006, S. 115ff) verwiesen). Wie bei Piagets Stufen der Entwicklung existieren auch für die Niveaustufen in der Literatur unterschiedliche und synonym verwendete Bezeichnungen. Ich orientiere mich an Frankes Übersicht (2006, S. 114; Hervorhebung Vf.):

„**0. Niveaustufe: Räumlich-anschauungsgebundenes Denken**
1. Niveaustufe: Geometrisch-analysierendes Denken
2. Niveaustufe: Geometrisch-abstrahierendes Denken
3. Niveaustufe: Geometrisch-schlussfolgerndes Denken
4. Niveaustufe: Strenge, abstrakte Geometrie“

Wie die Bezeichnung der 0. Niveaustufe es schon impliziert, ist hier das geometrische Arbeiten und Denken der Kinder fast ausschließlich an Handlungen mit konkretem Anschauungsmaterial gebunden, um mentale Vorstellungsbilder des Raumes bzw. von räumlichen Objekten aufbauen zu können (s.o.). Aber auch dies geschieht in eingeschränktem Maße: „Räumliche Beziehungen werden nur in der unmittelbaren Umgebung von den Schülern erfaßt [sic], wobei geometrische Figuren als Ganzheiten gesehen werden, nicht jedoch im Hinblick auf Einzelheiten oder Eigenschaften“ (Radatz & Rickmeyer, 1991, S. 13). Des Weiteren ist es den Kindern möglich, verschiedene geometrische Formen und Körper zu unterscheiden, die dazugehörigen Bezeichnungen und Begriffe zu lernen sowie mit den verschiedensten geometrischen Figuren zu hantieren (legen, falten, bauen, zusammensetzen u.v.a.m.) (vgl. ebd., S. 13f).

2.3 Fazit

Sowohl in Bezug auf die Untersuchungen zur menschlichen Intelligenz nach Thurstone, den darauf folgenden zahlreichen Studien als auch auf die Theorie Gardners stellt sich

der Faktor der räumlichen Intelligenz deutlich als ein eigenständiger heraus, der nicht nur hochgradig komplex ist, sondern „...der, leistungsfähig ausgebildet, als unschätzbarer Vorteil in unserer Gesellschaft angesehen wird" (Maier, 1999b, S. 29). Vor diesem Hintergrund muss die Grundschule ihrem Bildungsauftrag gerecht werden und die Fähigkeit des räumlichen Vorstellungsvermögens von Beginn an bei den Schülern fördern (vgl. ebd., S. 116). Dass dies im Leben eines Menschen gerade in *diesem* Zeitfenster stattfinden sollte, haben viele Studien zur Trainierbarkeit der Raumvorstellung belegt (vgl. 2.2.1). Wie dies im bzw. durch den Mathematikunterricht geschehen kann, wird im Rahmen dieser Arbeit exemplarisch an einer Unterrichtseinheit dargestellt, die einen raumgeometrischen Schwerpunkt hat (vgl. Kapitel 4). Als dafür bedeutsame Subkomponenten der Raumvorstellung wurden in Kapitel 2.1.2.3 die *räumliche Orientierung* und das *Erfassen und Herstellen räumlicher Beziehungen* herausgestellt, weil diese durch die Inhalte der Unterrichtseinheit „Würfelgebäude" angesprochen und gefördert werden sollen. Alle Unterbereiche auf einmal gezielt anzusprechen und weiter auszubilden, würde einerseits mit dem Rückbezug zur Theorie aufgrund des hohen Komplexitätsgrades und andererseits hinsichtlich der Umsetzbarkeit in der Praxis sicher zu weit führen. Dazu wären verschiedene geometrische Inhalte, die im Laufe der Grundschulzeit (auch in Form eines Spiralcurriculums) Gegenstand des Mathematikunterrichtes sind, notwendig.
Wie sich die Entwicklung des Denkens beim Kinde im konkret-operationalen Stadium bzw. im Übergang dorthin vollzieht, wurde in Kapitel 2.2 am Beispiel der Theorien Piagets und van Hieles skizziert. Beide betonen die Bedeutung eines anschauungsgebundenen und gezielt materialintensiven Lernens für den Mathematikunterricht der Grundschule, damit sich die Kinder langsam von der konkreten Ebene lösen, um durch eine Verinnerlichung der Handlungen am Objekt eben diese mental auf der reinen Vorstellungsebene vollziehen zu können (vgl. Maier, 1999b, S. 117). Nur auf diese Weise können sich durch konkrete Handlungserfahrungen räumliche Vorstellungsbilder entwickeln, die im Laufe der Zeit an Komplexität und Flexibilität zunehmen und sich das Denken somit kontinuierlich auf einem abstrakteren Niveau bewegt.

Vor dem Hintergrund der theoretischen Grundlagen werden im folgenden Kapitel daraus die Konsequenzen für die Unterrichtsplanung und -durchführung gezogen. Dabei wird zunächst auf die Prinzipien des Geometrieunterrichts im Allgemeinen sowie auf die Bedeutung des räumlichen Vorstellungsvermögens für diesen eingegangen, wobei Erläuterungen zur Relevanz des schon so oft angesprochenen Bereiches der Handlungsorientierung nicht fehlen dürfen. Diesbezüglich wird in Kapitel 3.3 die Theorie der Darstellungsebenen von Bruner aufgegriffen, die zwar eine Weiterführung Piagets Gedankengänge ist, aber wegen der Betonung der Handlungsorientierung in diesem Zusammenhang aufgegriffen und dargestellt wird. Anschließend folgen Erläuterungen zum HRT, die Auswertung der Vortests und die Darstellung der daraus abgeleiteten Lernausgangslage.

3 Folgerungen für die Unterrichtsplanung

3.1 Allgemeine Anmerkungen zum Geometrieunterricht in der Grundschule

Die Geometrie ist ein wichtiger Lern- und Erfahrungsbereich innerhalb der Grundschulmathematik, neben der Arithmetik und dem Sachrechnen, deren Bedeutung in der Literatur mit zahlreichen Begründungen untermauert wird. Dazu gehören z.B. der Beitrag zur Umwelterschließung, zur Fähigkeits- und Kompetenzentwicklung von Kindern sowie darüber hinaus zur Erreichung der allgemeinen Aufgaben und Ziele der Grundschuldidaktik und nicht zuletzt zur Schulung des räumlichen Denkens und Vorstellens als fundamentale kognitive Fähigkeit (vgl. dazu bspw. Lorenz & Radatz, 1993, S. 104). Zudem sind „...geometrische Erfahrungen und Fähigkeiten (...) notwendige Voraussetzungen, um im Arithmetikunterricht erfolgreich mitarbeiten zu können“ (Radatz, 1989, S. 19 und vgl. 3.2). Zu den grundlegenden Aufgaben des Geometrieunterrichts gehört v.a. die Entwicklung der Raumvorstellung, die dem Schüler helfen soll, sich in seiner von Figuren, Formen und Körpern dominierten Umwelt zurechtzufinden. Ausgangspunkt hierfür ist „...bei Grundschulkindern das Sammeln von Erfahrungen über das Handeln mit konkretem Material“ (Rickmeyer, 1986, S. 44; auf diesen Aspekt wird in Kapitel 3.3 näher eingegangen).

In zahlreichen Lehrwerken und wissenschaftlichen Artikeln wird trotz dieser und weiterer wichtiger Grundlagen, die der Geometrieunterricht mit sich bringt, seit ungefähr 40 Jahren die vernachlässigte Behandlung der Geometrie im Mathematikunterricht der Grundschule beklagt (vgl. bspw. Radatz, 1989, S. 17, Radatz, Schipper, Dröge & Ebeling, 1996, Kroll, 1996, S. 4ff; Maier, 1999b, S. 301ff; S. 114; Franke, 2006, S. 9). Geometrische Inhalte würden von den Lehrkräften nur als Lückenfüller erteilt und bis zu den Sommerferien aufgeschoben werden, um dann vielleicht doch keine Zeit mehr zu haben, sie durchzunehmen und das, obwohl nach Maier (1999b, S. 303ff; Hervorhebung im Original) „**Befragungen zum Mathematikunterricht** zeigen, daß [sic] Lehrer die Schulung des räumlichen Vorstellungsvermögens als ein Ziel von erstrangiger Bedeutung ansehen“. Dass die schulpraktische Realität anders aussieht, rühre u.a. daher, dass die Geometrie mehr Vorbereitungsaufwand mit sich bringt, viele Mathematiklehrer selbst Probleme mit geometrischen (und räumlichen) Inhalten haben und dass es der Geometrie im Unterschied zur Arithmetik an „*...einer einfachen und durchsichtigen Systematik*“ (Bauersfeld, 2000, S. 4; Hervorhebung im Original) fehlt und Letzterer sowohl gesellschaftlich als auch von Lehrerseite eine sehr hohe Bedeutung zugeschrieben wird, die wenig Raum für die Geometrie lässt. Für eine eher leistungsorientierte Gesellschaft kommt hinzu, dass die Ergebnisse geometrischer Aufgaben oder Tätigkeiten bspw. im Vergleich zu dem Ergebnis einer Additionsaufgabe nur schwer überprüfbar sind (vgl. Radatz, 1989, S. 17).

Der Geometrieunterricht weist verschiedene Prinzipien auf, mit denen seinen Ansprüchen Rechnung getragen werden soll. Diese werden im Folgenden kurz genannt: Er soll den Schülern ermöglichen, ihre Erfahrungen mit dem Raum zu erweitern und eine positive Einstellung fördern, sodass sich eine motivierende Haltung bei ihnen manifestiert, sich mit geometrischen Inhalten und Problemstellungen nachhaltig zu beschäftigen (vgl. Radatz & Rickmeyer, 1991, S. 9). „Die Lernmotivation sollte besonders durch entdeckendes und handlungsorientiertes Lernen und durch Spiele gefördert werden. Gerade diese Prinzipien realisiert der Geometrieunterricht" (Radatz et al., 1996, S. 114). Des Weiteren sollte geometrisches Lernen an die Lebenswelt der Kinder anknüpfen, anwendungsorientiert und konstruktiv gestaltet sein und dabei handelndes, materialintensives und soziales Lernen ermöglichen (vgl. Radatz & Rickmeyer, 1991, S. 18).

Für die Planung der Unterrichtseinheit bedeutet dies, dass ich dabei mehrere didaktische Prinzipien des Geometrieunterrichts berücksichtige und an den entsprechenden Punkten unter Bezugnahme der allgemeinen Ziele sinnvoll anwende. In erster Linie sollen dabei die Handlungsorientierung, mit der ein materialgestütztes, anschauliches Lernen einhergeht, und ein sozial-integratives Lernen im Vordergrund stehen, dass bei den Schülern eine positive Lernhaltung hervorruft und sie auf diese Weise einerseits speziell für die Lerninhalte der Einheit und andererseits im weitesten Sinne für die Geometrie an sich motiviert werden. Dabei ist auch immer ein Rückbezug zur Lebenswirklichkeit der Schüler wichtig, damit die Auseinandersetzung mit einem geometrischen Inhalt nicht innerhalb des Klassenraums isoliert für sich stehen bleibt, sondern ihm auch außerhalb eine Bedeutung zugeschrieben werden kann (als Beispiele aus der Unterrichtseinheit seien hier das Wiedererkennen geometrischer Körper in der Umwelt (1. Stunde) oder das Schreiben eines Bauplans als „Baumeister", dessen Arbeit kontrolliert wird (4. Stunde), genannt).

3.2 Bedeutung des räumlichen Vorstellungsvermögens für den Geometrieunterricht an Grundschulen

Es soll an dieser Stelle noch einmal betont werden, dass das Primärziel des Geometrieunterrichts die Entwicklung und Förderung des räumlichen Vorstellungsvermögens ist, da es nicht nur eine lebenspraktische Bedeutung aufweist, ohne die wir uns im Alltag nur schwer zurechtfinden könnten (vgl. 2.1.2.1 und vgl. Franke, 2006, S. 27), sondern als ein Teil der menschlichen Intelligenz auch „...als eine Voraussetzung für das Erlernen geometrischer Inhalte und schulischen Lernens im Allgemeinen betrachtet werden (kann; Vf.)" (Hellmich & Hartmann, 2002, S. 56). Damit ist die hohe Bedeutung der Raumvorstellung bereits hinreichend bezeichnet – sowohl für das Leben außerhalb der Schule als auch für den Geometrieunterricht, der diese Fähigkeit schulen und herausfordern muss.

Dies wird durch die geforderten Inhalte der Bildungsstandards und des Kerncurriculums Mathematik herausgestellt, die u.a. den Kompetenzbereich *Raum und Form* ausweisen, in dem die Schulung der Raumvorstellung als wichtiges Ziel formuliert wird (vgl. Sekretariat der Ständigen Kultusminister der Länder in der BRD, 2004, S. 12f und vgl. Nds. Kultusministerium, 2006, S. 26). Dieser Kompetenzbereich ist in die vier Inhaltsbezogenen Bereiche *Orientierung im Raum, Körper und ebene Figuren, Flächen- und Rauminhalte* sowie *geometrische Abbildungen* untergliedert. All diese Untergebiete von *Raum und Form* in dieser Arbeit hinsichtlich ihrer Möglichkeiten, das räumliche Vorstellungsvermögen von Schülern zu fördern, umfassend zu untersuchen, würde den Rahmen jedoch deutlich überschreiten und bzgl. der Themenvielfalt auch praktisch gesehen keinen Sinn machen. Daher sind für die Inhalte der Unterrichtseinheit „Würfelgebäude" die beiden erstgenannten Bereiche *Orientierung im Raum* und *Körper* relevant (vgl. Nds. Kultusministerium, 2006, S. 26ff, vgl. 2.1.2.3 und vgl. Kapitel 4). Des Weiteren steht dabei speziell die Raumgeometrie im Mittelpunkt, die – nach Kroll (1994a, S. 22) – „...durch den reflektierten Umgang mit körperlichen Dingen gezielt herbeigeführte Erfahrung der dreidimensionalen Welt, einen hervorragenden Platz im Unterricht einnehmen sollte". Von vielen Geometriedidaktikern wird weiterhin bemängelt, dass nicht nur die Geometrie an sich zu kurz kommt (vgl. 3.1), sondern dass insbesondere die – eigentlich so bedeutsame (vgl. 2.1.2) – Schulung des räumlichen Vorstellungsvermögens im Mathematikunterricht nur eine untergeordnete Rolle spielt (vgl. Maier, 1999b, S. 234ff). Wenn dann aber doch Inhalte Gegenstand des Unterrichts sind, die sich zur Förderung des räumlichen Vorstellungsvermögens eignen, liegt „...der unterrichtliche Schwerpunkt meist auf Inhalten der 2-dimensionalen Geometrie, während die räumliche Geometrie im Hintergrund steht" (Maier, 1999a, S. 8).

Wie in Kapitel 2.2.1 dargestellt, lässt sich gerade in der Altersspanne von sieben bis dreizehn Jahren das räumliche Vorstellungsvermögen gezielt fördern. Daraus und im Hinblick auf die weiteren theoretischen Grundlagen in Kapitel 2 wird der hohe Stellenwert der Förderung der Raumvorstellung von Grundschulkindern im Geometrieunterricht ersichtlich und darf in der Praxis nicht nur nachrangig behandelt werden (s.o.). Radatz & Rickmeyer (1991, S. 7) betonen dies ebenfalls mit der Begründung, dass für die Erschließung der Umwelt, die in vielfältiger Hinsicht eine geometrische Struktur aufweist, „...ohne Kompetenzen einer Raumvorstellung oder der visuellen Informationsaufnahme und Informationsverarbeitung (diese; Vf.) nur schwer erkannt oder durchdrungen werden kann", wobei sich eben diese Fähigkeiten nicht ohne gezielte frühzeitige Anregungen und Übungen ausbilden können. Die Entwicklung und Förderung des räumlichen Vorstellungsvermögens lässt sich nach Radatz et al. (1998, S. 115) durch das konkrete Handeln mit Anschauungsmaterial sowie durch die regelmäßige Auseinandersetzung mit geometrischen Inhalten – speziell mittels „...Übungen zur Raumorientierung, zur Erfassung räumlicher Beziehungen und zur Visualisierung" – erreichen. Rickmeyer (1998a, S. 12) stellt diesbezüglich die bedeutsame Rolle der Arbeit mit Holzwürfeln heraus, deren Zusammensetzungen darüber hinaus vielfach im Bereich der Arithmetik als didaktisches Anschauungsmaterial (Hunderterplatte, Zehnerstange) verwendet werden. Aber auch viele andere Veranschaulichungsmittel, wie z.B. Steckwürfel, Rechenkette, Hundertertafel oder Zahlenstrahl, weisen eine geometrische Grundstruktur auf, die „...ein mehr oder weniger hohes Maß an räumlicher Wahrnehmungs- und Vorstellungskraft erfordern. (...) Zudem erfordern einige Tätigkeiten in arithmetischen Arbeitsbereichen (...) und Arbeiten mit Größen (...) räumlich-visuelle Vorstellungen" (Maier, 1999b, S. 235). Daran wird die Grundbedeutung des räumlichen Vorstellungsvermögens weit über geometrische Inhalte hinaus sehr deutlich.

3.3 Das Prinzip der Handlungsorientierung und dessen Bedeutung innerhalb der Unterrichtseinheit

„Ausgangspunkt aller Bemühungen um die Entwicklung von Raumvorstellungen bei Grundschulkindern ist das Sammeln von Erfahrungen über das Handeln mit konkretem Material" (Rickmeyer, 1986, S. 44). Dieses Zitat begründet das Prinzip der Handlungsorientierung im hier gemeinten Sinne und stellt gleichzeitig die unerlässliche Bedeutung der Handlungsorientierung im Mathematikunterricht klar und deutlich heraus. Darüber hinaus greift es die Erläuterungen von Kapitel 2.1 entsprechend auf, dass gedankliche Vorstellungen von Objekten oder Operationen nur über sinnliche Wahrnehmungen und damit auch über konkrete Handlungen aus der Wirklichkeit entstehen (aus der Handlung entwickelt sich die Operation). Es geht also darum, das Verstehen raumgeometrischer Inhalte durch konkretes, gegenständliches Handeln zu fördern. Daraus leitet sich als Konsequenz für die Unterrichtspraxis das operative Prinzip ab, „...das die Begründung für die Verwendung von Arbeitsmaterial für die Hand des Schülers gibt" (Lauter, 2005, S. 20).
Hinzu kommt, dass „...Trainingsprogramme mit handlungsorientierten Aktivitäten an konkreten Modellen stets starke bis sehr starke Zugewinne im räumlichen Vorstellungsvermögen (zeigen; Vf.). Sie sind somit zur Schulung der Raumvorstellung besonders geeignet" (Maier, 1999b, S. 116). Dies begründet sich wiederum vor dem Hintergrund der Entwicklung des räumlichen Vorstellungsvermögens nach Piaget (vgl. 2.2.1), nach dem „...Denken verinnerlichtes Tun (ist; Vf.), und dieses Tun (an dinglichen Objekten) kann nur über Vorstellungen zu Denkakten verinnerlicht werden" (Besuden, 1999, S. 4). Insbesondere an dieser Stelle wird deutlich, dass es sich bei Piagets Entwicklungstheorie des Denkens um eine konstruktivistische Theorie handelt, da die Aktivität des Kindes so stark hervorgehoben wird. Des Weiteren wird der enge Bezug zum räumlich-anschauungsgebundenen Denken im Modell der van Hieles sichtbar, da auf dieser 0. Niveaustufe ebenfalls ausschließlich das aktive Handeln mit Anschauungsmaterial im Zentrum steht, wenn die Schüler von der Handlungs- auf die mentale Vorstellungsebene gelangen sollen (vgl. 2.2.2). Aus diesem Grund gehört nach Besuden zu den Prinzipien eines handlungsorientierten Mathematikunterrichts neben der Bereitstellung von geeignetem Anschauungsmaterial zum selber Bauen, Falten usw. auch ein sinnvoller Wechsel zwischen offe-

ner Unterrichtsgestaltung und gezielter Aufgabenstellung (auch Problemlösen) (vgl. Kroll, 1994a, S. 22). Diese Aspekte finden sich in der handlungsorientierten Ausrichtung meines Unterrichts während der Einheit wieder (vgl. Kapitel 4), in dem das aktive Tun der Schüler mit bewusst ausgewähltem didaktischem Anschauungsmaterial im Zentrum steht, um „den dreidimensionalen Raum letztendlich abstrakt begreifen zu können…" (Radatz et al., 1998, S. 122). Ebenso vor dem Hintergrund der didaktischen Prinzipien des Geometrieunterrichts (vgl. 3.1) arbeiten die Schüler während der Unterrichtseinheit (ab der dritten Stunde) mit dem didaktischen Anschauungsmaterial „naturfarbene Holzwürfel" mit einer Kantenlänge von zwei Zentimetern, wofür nach Kroll (1996, S. 8) folgende Aspekte sprechen: Die Würfel „… wirken durch die Maserung belebt und sind schön anzusehen; auch das Tastgefühl wird befriedigt; das Material hat einen hohen Aufforderungscharakter; die Kinder gehen sehr gern mit Würfeln um" und die Raumstruktur der aus mehreren Würfeln gebauten Körper kommt deutlich zum Vorschein.

Wenn es um das Prinzip der Handlungsorientierung geht, muss die Theorie der Darstellungsebenen nach Bruner – die als eine „...Modifikation der Piagetschen Theorie anzusehen (ist; Vf.)" (Zech, 2002, S. 104) – nicht nur mitberücksichtigt werden, vielmehr müssen die darin benannten Repräsentationsformen enaktiv, ikonisch und symbolisch als didaktisches Prinzip Eingang in den Mathematikunterricht finden. Denn nach Bruner vollzieht sich die Denkentwicklung des Kindes „…nicht auf zeitlich abgestuften Denkniveaus, sondern gleichzeitig auf verschiedenen Darstellungsebenen, die in starker Wechselbeziehung zueinander stehen" (ebd., S. 104) und durch die sich der Mensch seine Umwelt erschließen kann. Das heißt, dass diese formulierten Ebenen zwar „…prinzipiell mathematisch gleichwertig sind, (…) aber sich an der geistigen Entwicklung des Kindes orientieren" (Lauter, 2005, S. 76). Demnach ist dabei die enaktive Darstellungsebene die essentiellste, da hier durch konkretes Handeln mit/an Material ein Sachverhalt erschlossen werden kann. Die ikonische Ebene geht über die enaktive hinaus, weil auf ihr ein Sachverhalt bereits aus einer bildlichen Anschauung oder einer Graphik heraus erschließbar wird, während die symbolische Ebene ohne Anschauung auskommt und der entsprechende Sachverhalt dort durch mathematische Zeichen oder die Sprache erfasst werden kann (steigender Abstraktions- und Leistungsgrad) (vgl. Zech, 2002, S. 104 und vgl. ausführlicher Lauter, 2005, S. 76ff)[3]. Daher ist es für die unterrichtliche Praxis in der Grundschule unabdingbar, die Schüler zunächst in Situationen zu bringen, in denen sie sich mit konkretem Material mit Bezug zum Lernstoff auseinander setzen können, weil sie sich altersmäßig im (Übergang zum) Stadium der konkreten Operationen befinden (vgl. 2.2.1). Erst danach kann auf die ikonische oder symbolische Ebene übergegangen werden. Von be-

[3] In der Literatur wird in diesem Zusammenhang als Abkürzung häufig der Begriff „EIS-Prinzip" genannt, der auch im Folgenden synonym verwendet wird.

sonderer Bedeutung ist dabei sowohl der Wechsel als auch Verknüpfungen zwischen den Darstellungsebenen, sodass auf diese Weise Möglichkeiten zur operativen Durcharbeitung geboten werden (vgl. Zech, 2002, S. 106ff). Letzterer Aspekt soll durch ein Zitat von Bauersfeld (2000, S. 8) auf die Thematik der Arbeit eingegrenzt werden: „Handlungserfahrung, Raumanschauung und räumliches Denken sowie die Darstellung in Gestik, Zeichen und Sprache gehen eine flexible, von allen Seiten her abrufbare Beziehung ein". Das bedeutet, dass die Kinder während der Zeit der Unterrichtseinheit lernen, auf den Ebenen des konkreten, bildlichen symbolischen und sprachlichen Darstellens räumliche Strukturen zu erfassen und letztendlich – im besten Falle – mit ihnen in ihrer Vorstellung zu operieren. Bspw. müssen die Schüler in der vierten, fünften und sechsten Unterrichtsstunde der Einheit die konkreten Würfelgebäude bzw. deren Bilder (ikonische Ebene) in die Form des Bauplanes (ikonisch-symbolische Ebene) übertragen und umgekehrt .
Durch diese Wechselwirkung der verschiedenen Handlungsebenen im Sinne des EIS-Prinzips sollen die Schüler befähigt werden, sich langsam gedanklich vom konkreten Objekt zu lösen und in ein Vorstellungsbild zu „überführen", sodass ihr räumliches Vorstellungsvermögen gezielt gefördert wird: „Das Umsetzen der zweidimensionalen Vorlage in eine dreidimensionale Figur schult das räumliche Vorstellungsvermögen der Kinder" (Radatz et al., 1996, S. 134). Dieser Fortschritt in der räumlichen Denkentwicklung v.a. im Bereich der *räumlichen Orientierung* und dem *Erfassen und Herstellen räumlichen Beziehungen* (vgl. 2.1.2.3) – der von mir erwartet wird (vgl. Kapitel 1) – soll sich in einem verbesserten individuellen Ergebnis des HRT nach Durchführung der Einheit zeigen (vgl. 5.2.2).

Aber nicht nur in der psychologischen und mathematikdidaktischen Literatur wird eine handlungsorientierte Ausrichtung des Mathematikunterrichts ausdrücklich gefordert. Auch das Kerncurriculum fordert diese u.a. für den Inhaltsbezogenen Kompetenzbereich *Raum und Form*, damit die Schüler durch die aktive Auseinandersetzung mit geeignetem Anschauungsmaterial konkrete Erfahrungen sammeln können, um ihr räumliches Vorstellungsvermögen entwickeln zu können (vgl. Nds. Kultusministerium, 2006, S. 26), denn „Handlungen an verschiedenen Materialien sind die Basis für formal-abstrakte Raumvorstellungen…"(Radatz et al., 1998, S. 122). Im Prozessbezogenen Kompetenzbereich *Darstellen/Didaktisches Material verwenden* wird dessen Verwendung ebenfalls hervorgehoben: „Um tragfähige Vorstellungsbilder von mathematischen Sachverhalten (z.B. Zahlen, Operationen) aufbauen zu können, brauchen Schülerinnen und Schüler zunächst handelnden Umgang mit konkreten Materialien. Nach und nach lernen sie zu abstrahieren und gehen zu anderen Formen der Darstellung über (z.B. Zeichnungen, Gleichungen, Terme" (Nds. Kultusministerium, 2006, S. 16). In den Bildungsstandards stehen ebenfalls Handlungserfahrungen im Vordergrund: „Zwei- und dreidimensionale Darstellungen von Bauwerken (z.B. Würfelgebäuden) zueinander in Beziehung setzen (nach Vorlage bauen, zu Bauten Baupläne erstellen, Kantenmodelle und Netze untersuchen)" (Sekretariat der Ständigen Konferenz der Kultusminister der Länder in der BRD, 2004, S. 12). Auch Rickmeyer (1998, S. 48) und Steinau (2007, S. 22) betonen die Bedeutung verschiedenster Handlungserfahrungen als Voraussetzung, um von der konkreten auf die Vorstellungsebene (Kopfgeometrie) zu gelangen und somit das räumliche Vorstellungsvermögen zu schulen.

3.4 Überprüfung der vorhandenen Kompetenzen der Schüler im Bereich Raum und Form durch den Heidelberger Rechentest (HRT 1-4)

3.4.1 Erläuterungen zum Einsatz des HRT und den ausgewählten Untertests

Für die aussagekräftige Überprüfung der eingangs aufgestellten Thesen bzw. Fragestellungen muss der individuelle Lernstand jedes einzelnen Schülers im räumlich-visuellen Bereich vor der Durchführung und detaillierten Planung der Unterrichtseinheit „Würfelgebäude" erhoben werden, um eventuelle Verbesserungen bzw. Entwicklungen des räumlichen Vorstellungsvermögens, die durch die Einheit angestrebt werden, feststellen zu können. Insbesondere im Rahmen einer solchen Hausarbeit eignet sich dafür nicht etwa ein selbst entworfener (informeller), sondern ein standardisierter (formeller) Test[4], da durch diesen einerseits die Testgütekriterien der Objektivität, Validität und Reliabilität erfüllt sind und die Testaufgaben andererseits an einer bundesweiten Stichprobe normiert wurden, sodass entsprechende Vergleichswerte für meine Lerngruppe vorhanden sind (vgl. Haffner et al., 2005, S. 27f; S. 29ff).
Der HRT[5] ist ein so genannter Speed-Test, das heißt dass „...die Lösungsgeschwindigkeit und Leistungsmenge bei begrenzter Zeitvorgabe im Vordergrund steht..." (ebd., S. 13), um die individuelle Schnelligkeit und Sicherheit eines Kindes bei einer Aufgabenart zu überprüfen. Dabei ist es im Regelfall keinem Kind möglich, in der vorgegebenen Zeit alle Testaufgaben zu lösen. „Der HRT prüft unabhängig von curricularen Stoffplänen basale mathematische und kognitive Kompetenzen, die als Grundlagen und Voraussetzungen für die Entwicklung komplexeren mathematischen Wissens erforderlich sind" (ebd., S. 13). In den dazugehörigen theoretischen Grundlagen weisen die Autoren u.a. auch auf „die besondere Bedeutung räumlich-visueller Fähigkeiten und räumlich-visueller Veranschaulichung für die Entwicklung mathematischer Konzepte und Vorstellungen..." (ebd., S. 11 und vgl. 3.2) vor allem bei rechenschwachen Kindern hin.

---

[4] Detaillierte Ausführungen zum Einsatz und zum Wesen standardisierter Schulleistungstests finden sich bspw. bei Ziegenspeck (1999, S. 358ff; S. 364f) oder Schrader & Helmke (2002, S. 45ff).

[5] Es ist im Rahmen dieser Arbeit nicht angebracht, das gesamte Konzept des HRT ausführlich darzustellen, weswegen nur themenrelevante Aspekte kurz erläutert werden (vgl. dazu Haffner et al., 2005).

Neben dem inhaltlichen Schwerpunkt der grundlegenden Rechenoperationen mit sechs Untertests gehören fünf Untertests zum Bereich der räumlich-visuellen Funktionen (vgl. ebd., S. 14f). Ich habe mich im Rahmen dieser Arbeit aus letzterem Bereich exemplarisch für zwei Untertests entschieden. Zum einen für den Untertest „Würfelaufgaben“, da dieser durch seinen Messinhalt „Mengenerfassung unter Berücksichtigung räumlicher Vorstellung“ (ebd., S. 14) in einem engen Zusammenhang mit den Inhalten und Zielen der zugrunde liegenden Unterrichtseinheit gebracht werden kann (vgl. 4.2). Auf diese Weise ist die Feststellung einer eventuellen Förderung des räumlichen Vorstellungsvermögens bei jedem Schüler durch einen Vergleich der individuellen Ist-Zustände vor und direkt nach der Durchführung der Einheit möglich (vgl. 5.2). Dieser Untertest umfasst 28 Aufgaben bei einer dreiminütigen Bearbeitungszeit und stetig ansteigendem Schwierigkeitsgrad. Die Schüler müssen anhand des Bildes eines Würfelgebäudes jeweils durch Zählen feststellen, aus wie vielen Würfeln es besteht und dies notieren. Bei der Anzahlbestimmung kommt es darauf an, dass sich die Schüler auch verdeckt stehende Würfel im hinteren Teil der Figur vorstellen können und wissen, dass diese dazuzuzählen sind. Sie müssen sich dabei also sowohl mental räumlich orientieren als auch räumliche Beziehungen zwischen den einzelnen Würfeln eines Gebäudes herstellen können (z.B. müssen sie überlegen, wie viele Würfel sich noch hinter, unter oder rechts/links von einem bestimmten Würfel befinden können (vgl. 2.1.2.3)).

Zum anderen habe ich zusätzlich den Untertest „Längenschätzen“ durchgeführt, um nicht nur einen Aspekt des räumlich-visuellen Bereichs abzutesten und um zu überprüfen, ob sich die Fähigkeiten der Schüler im Bereich „visuelle Größenerfassung“ nach der Unterrichtseinheit (ebd., S. 14) verbessert haben, obwohl diese währenddessen nicht explizit geschult wurden bzw. dazu keine Aufgaben angeboten wurden (Synergieeffekt). Um beim „Längenschätzen“ ein möglichst gutes Ergebnis zu erzielen, müssen die Schüler die Länge einer vorgegebenen Strecke in Einer-Schritten schätzen und schriftlich festhalten. Dabei können sie die jeweiligen Strecken mit oben auf der Seite angegebenen Hilfsstrecken (Einer-, Fünfer- und Zehner-Strecke) in Beziehung setzen oder immer die Einer-Schritte abzählen. Auch dieser Untertest dauert drei Minuten und beinhaltet 24 Aufgaben mit stetig ansteigendem Schwierigkeitsgrad.

3.4.2 Durchführung und Auswertung des HRT

3.4.2.1 Allgemeine Anmerkungen zu den Normwerten

Die beiden im vorangegangenen Kapitel beschriebenen Untertests wurden sechs Tage vor dem Beginn der Unterrichtseinheit „Würfelgebäude“ durchgeführt und ausgewertet. Dabei habe ich mich ausdrücklich an die im Manual des HRT ausgewiesenen Anweisungen gehalten (vgl. Haffner et al., 2005, S. 2ff (Testinstruktion)), damit meine Schüler unter denselben Bedingungen schreiben wie die Schüler der Normstichproben und um die Ergebnisse nicht in eine Richtung zu verfälschen. Da ich nur zwei der elf Untertests (ohne Schreibgeschwindigkeitstest) durchgeführt habe, habe ich nicht für jeden Schüler ein Profilblatt, sondern vielmehr selbst entworfene tabellarische und graphische Übersichten, aus denen der individuelle Entwicklungsstand von jedem Schüler im Bereich „Würfelaufgaben“, „Längenschätzen“ und dem daraus berechneten Mittelwert vor und nach der Unterrichtseinheit hervorgeht, angelegt. Gleichzeitig sind damit eine Übersicht des Gesamtbildes der Klasse in den einzelnen Bereichen sowie ein direkter Vergleich von Ausgangswerten und Nachtestwerten gegeben (Entwicklung).

Der Rohwert gibt jeweils die Anzahl der richtigen Lösungen im Untertest an. Dazu „...können die zugehörigen T-Werte und Prozentrang-Werte in den Normentabellen der entsprechenden Klassenstufe abgelesen und (...) eingetragen werden“ (Haffner et al., 2005, S. 18). Für jedes Quartal der Grundschulzeit ab Ende der ersten Klasse gibt es diese Normenwerte, die aussagen, „...wie die Leistung eines Kindes im Vergleich zur Alters- oder Klassennorm einzuschätzen ist“ (ebd., S. 19), wobei Prozentrang- und T-Werte von 50 (PR = 50 und T = 50) immer dem Durchschnittswert entsprechen. „Der Prozentrang-Wert gibt an, wie viel Prozent der Vergleichsgruppe (Eistichprobe) gleich gut oder schlechter abgeschnitten haben (...). Der T-Wert gibt an, wie weit der erreichte Wert des Kindes vom Mittelwert der Altersnorm entfernt liegt“ (ebd., S. 19). Dadurch, dass die T-Werte die Standardabweichungen angeben, können bspw. Mittelwerte berechnet und die Testleistungen einzelner Schüler direkt miteinander verglichen werden. Weil die Untertests zu Beginn des zweiten Schuljahres durchgeführt wurden, habe ich die Vergleichswerte für das Ende des vierten Quartals der ersten Klasse herangezogen.
Anhand der in den Untertests erreichten PR-Werte jedes Kindes lassen sich dessen Stärken oder Schwächen im Bereich der Mengenerfassung unter Berücksichtigung der räumlichen Vorstellung und im Bereich der visuellen Größenerfassung erkennen. Die Autoren des HRT haben diesbezüglich eine orientierende Einteilung vorgeschlagen, wobei eine exakte Grenze, „...ab der Testwerte als auffällig im Sinne von Stärken oder Schwächen einzustufen sind, (...) schon auf Grund der Messfehler jedes Tests nicht festgelegt werden (kann; Vf.)“ (ebd., S. 20): Kinder, die einen PR-Wert von weniger als 10 erreichen, weisen demnach eine deutliche Schwäche in dem jeweiligen Bereich auf. Bei einem PR-Wert, der zwischen 11 und 25 liegt, sind die Kinder einem Risikobereich zuzuordnen. Bei diesen Ergebnissen sollte eine gezielte Förderungsmaßnahme erfolgen. Die PR-Werte zwischen 26 und 74 sind als unauffällig bzw. normal zu betrachten, bei Werten von 75 bis 89 kann von einer tendenziellen, bei Werten von 90 bis 100 von einer deutlichen Stärke im betreffenden Bereich ausgegangen werden (vgl. ebd., S. 20f).

3.4.2.2 Bestimmung der Lernausgangslage im räumlich-visuellen Bereich

Meine Lerngruppe setzt sich aus insgesamt 19 Schülern zusammen (sieben Jungen und zwölf Mädchen), die sich – wie in Kapitel 2.2.1 bereits genannt und ausführlich hinsichtlich ihrer kognitiven Entwicklung nach Piaget analysiert – gemäß ihres Alters in der konkret-operationalen Phase bzw. im Übergang dorthin befinden. Nach van Hieles Modell ist ihr Denken noch räumlich-anschauungsgebunden (vgl. 2.2.2).

Ich unterrichte in dieser Klasse im Rahmen des eigenverantwortlichen Unterrichts seit dem 4. Februar 2008 wöchentlich fünf Stunden Mathematik. Die Lehrer-Schüler-Beziehung ist als vertrauensvoll zu beschreiben, sodass insgesamt eine angenehme Lernatmosphäre in der Klasse vorherrschend ist.

Die Ergebnisse meiner Schüler in den beiden Untertests des HRT weisen auf eine sehr differenzierte Lernausgangslage im räumlich-visuellen Bereich hin.[6] Im Bereich der räumlichen Mengenerfassung („Würfelaufgaben") zeigen fünf Schüler (Laetitia, Nico, Manja, Kevin und Jellste) tendenzielle und zwei (Isabell und Nicolai) deutliche Stärken, während sich fünf Schüler mit mehr oder weniger großem Abstand nach oben und unten um den Durchschnittwert bewegen (Tessa, Angelika, Remo, Michelle und Mohamad). In diesem Bereich der Raumvorstellung weist nur Marvin eine deutliche Schwäche auf – bei Linnea, Susanne, Pia, Alanah, Pascal und Lene ist von einer tendenziellen Schwäche auszugehen (Risikobereich).

Im Bereich der visuellen Größenerfassung („Längenschätzen") zeigen Nico und Angelika eine tendenzielle Stärke, neun Schüler siedeln sich bzgl. dieser Fähigkeit um den Durchschnittswert an. Remo, Tessa, Alanah und Mohamad befinden sich knapp über der Grenze zum Risikobereich, während Marvin, Michelle und Laetitia darunter liegen und Pascal als einziger an dieser Stelle eine deutliche Schwäche aufweist.

Beim Vergleich der individuellen Ergebnisse beider Tests sind nicht durchgängig eindeutige positive Korrelationen erkennbar, das heißt, wenn ein Schüler in einem Untertest hohe/niedrige Werte erzielt hat, bedeutet es nicht automatisch, dass dies auch für das Ergebnis des anderen Untertests gilt. Bei Laetitia liegen die Werte z.B. auffällig weit auseinander („Würfelaufgaben" tendenzielle Stärke und „Längenschätzen" Risikobereich), bei Pia, Tessa, Isabell, Manja und Jellste ist noch eine verhältnismäßig weitläufige Differenz erkennbar („Würfelaufgaben" fällt besser aus als „Längenschätzen"). Jedoch kann bei acht Schülern von einer Korrelation der Ergebnisse gesprochen werden, da sie relativ dicht beieinander liegen (Remo, Kevin, Marvin, Alanah, Mohamad, Angelika, Pascal und

---

[6] . Auf genaue Angaben
erreichter Roh-, PR- und T-Werte wird daher an dieser Stelle verzichtet. Vielmehr soll die Lernausgangslage mit Worten beschrieben werden. Da ich für die abschließenden Vergleiche in Kapitel 5 aus Gründen der Übersichtlichkeit ausschließlich auf erreichte Roh- und PR-Werte eingehe,
– der Vollständigkeit halber sind die T-Werte jedoch in der Tabelle aufgeführt.

Nico). Bei den anderen Schülern besteht immer ein mehr oder weniger großer Abstand zwischen den Testwerten.

Insgesamt ergibt sich – ausgehend von den Mittelwerten beider Tests, wobei ich jedoch die Ergebnisse des Untertests „Würfelaufgaben“ aufgrund des Schwerpunktes der Unterrichtseinheit etwas stärker berücksichtige – eine auf die Leistungsfähigkeit im räumlich-visuellen Bereich bezogene Lernausgangslage, die für den allgemeinen Rahmen ein (leicht gehobenes) mittleres Anforderungsniveau erfordert. Fünf Schüler weisen vor Durchführung der Unterrichtseinheit eine tendenzielle Stärke auf (Isabell, Angelika, Nico, Kevin und Nicolai), ebenfalls fünf Schüler sind in ihrer Entwicklung im räumlich-visuellen Bereich für ihr Alter in etwa durchschnittlich weit (Manja, Susanne, Tessa, Jellste und Laetitia), wiederum fünf Schüler befinden sich zwischen Durchschnittswert und Risikobereich (Remo, Linnea, Mohamad, Michelle und Pia). Pascal, Lene, Marvin und Alanah weisen Fähigkeiten auf, die insgesamt im Risikobereich einzuordnen sind.

Das bedeutet für mich und meine Unterrichtsplanung und -durchführung, dass bei dieser Lernausgangslage im Sinne einer inneren Differenzierung immer eine Förderung bei den Kindern stattfinden muss, die Schwächen in Bezug auf ihr räumliches Vorstellungsvermögen aufweisen und dass Kinder, die sich über dem Durchschnittswert befinden bzw. eine Stärke zeigen, entsprechend gefordert werden müssen. Daraus ergibt sich, dass an gegebenen Stellen zum einen Aufgaben zur Differenzierung herein gegeben werden und zum anderen die Wahl eines Partners oder der Gruppe nicht frei und damit willkürlich von den Schülern selbst vorgenommen, sondern von mir gezielt vorgegeben wird. Dabei können nicht nur sozial-integrative Aspekte ausschlaggebend sein, vielmehr müssen die individuellen Leistungen im räumlich-visuellen Bereich von mir berücksichtigt und die Schüler in kooperativen Arbeitsphasen sinnvoll zusammengestellt werden. Das heißt bspw., dass besonders starke Kinder mit denjenigen zusammenarbeiten sollen, die in diesem Bereich noch Probleme haben, während sich die Zusammenstellung der Kinder, die sich im Durchschnittsbereich bewegen, auch dementsprechend, ob sie eher zu einer Stärke denn zu einer Schwäche neigen, miteinander arbeiten. Auf diese Weise soll der individuelle Lernprozess möglichst wirksam gestaltet werden und die Kinder sollen voneinander profitieren: Dadurch, dass ein leistungsstärkerer Schüler seinem schwächeren Partner einen Sachverhalt kindgemäß erklärt, kann dieser den Lerninhalt u.U. verstehen und nachvollziehen (Lernzuwachs und Verständnis) und der Erklärende durchdringt eben diesen noch tiefer und entwickelt ein nachhaltigeres Verständnis. An dieser Stelle wird die Bedeutung des Prozessbezogenen Kompetenzbereiches des Kerncurriculums *Kommunizieren und Argumentieren* deutlich (vgl. Nds. Kultusministerium, 2006, S. 15 und vgl. 4.2).

3.5 Fazit

In diesem Kapitel wurde der Rahmen für die Themenstellung im unterrichtspraktischen Sinne kontinuierlich enger gespannt – und zwar ausgehend von den allgemeinen Prinzipien und Problemen des (räumlichen) Geometrieunterrichts in der Grundschule über die Bedeutung des räumlichen Vorstellungsvermögens innerhalb des Geometrieunterrichtes sowie der wichtigen Rolle, die die Handlungsorientierung im Verlaufe der Unterrichtseinheit einnimmt, bevor Erläuterungen zum HRT und den daraus gezogenen Ergebnissen folgten. Dass das räumliche Vorstellungsvermögen in seiner Bedeutung noch weit über den Geometrieunterricht an der Grundschule hinausgeht, erläutert Maier (1999b, S. 123ff) ausführlich, indem er es nicht nur als ein fächerübergreifendes Lernziel aller Fächer beschreibt, sondern dessen Relevanz auch im Zusammenhang mit Lernschwächen (Dyskalkulie und Legasthenie) sowie im (berufs)schulischen, beruflichen und privaten Leben herausarbeitet.

Um den derzeitigen Entwicklungsstand meiner Lerngruppe bzgl. ihrer Fähigkeiten zur Raumvorstellung aussagekräftig feststellen zu können, wurde die Lernausgangslage gemäß der erzielten Ergebnisse in den HRT-Untertests „Würfelaufgaben“ und „Längenschätzen“ von mir bestimmt und Konsequenzen für die Unterrichtsplanung gezogen (qualitative Differenzierung, Wirkung sozialen Lernens), nachdem der HRT an sich vorgestellt und sein Einsatz legitimiert wurde.

Die eingangs zur Klärung aufgestellte Frage nach einer möglicherweise bestehenden positiven Korrelation der beiden Testergebnisse des HRT bei den Schülern kann nicht eindeutig beantwortet werden, weil diese nicht durchgängig, sondern nur bei acht Schülern feststellbar ist und vermehrt negative Korrelationen vorhanden sind (vgl. 3.4.2.2). Daher ergibt sich für meine Lerngruppe ein zweigeteiltes Bild: Bei einigen Schülern korrelieren die Fähigkeiten in beiden räumlich-visuellen Bereichen, bei anderen nicht. Für eine verallgemeinernde Antwort bzgl. möglicher positiver Korrelationen zwischen den Testwerten müsste die Stichprobe wesentlich größer ausfallen.

Im folgenden Kapitel wird das konkrete Unterrichtsvorhaben vorgestellt – immer vor dem Hintergrund des zweiten und dritten Kapitels der Arbeit. Nach der Skizzierung des Aufbaus der Unterrichtseinheit „Würfelgebäude“ und dessen Begründung folgen Erläuterungen zu den verfolgten Zielintentionen, die durch die ausführliche Darstellung zweier ausgewählter Stunden verdeutlicht werden sollen.

4 Aufbau, Zielintentionen und Darstellung der Unterrichtseinheit „Würfelgebäude"

4.1 Aufbau[8]

Die Unterrichtseinheit umfasst sieben Unterrichtsstunden, wobei die Durchführung des HRT vorher und nachher aus dieser ausgelagert ist.

Stunde	Bezeichnung	Stundenziel
1	Wir lernen die geometrischen Körper Würfel, Quader, Kugel und Zylinder kennen.	Die Schüler können geometrische Körper in der Umwelt wiedererkennen, diese sicher benennen und zur Beschreibung von Alltagsgegenständen verwenden.
2	Wir untersuchen verschiedene Gegenstände und damit die geometrischen Körper hinsichtlich ihrer Eigenschaften.	Die Schüler sortieren die geometrischen Körper Würfel, Quader, Kugel und Zylinder nach Eigenschaften (rollt, steht, steht und rollt), benennen und unterscheiden diese und erkennen sie in der Umwelt wieder.
3	Wir bauen verschiedene Würfelgebäude frei und nach Bildvorlage (bauen und zählen).	Die Schüler entfalten durch das freie Bauen ihre Kreativität, sammeln dabei Erfahrungen im Umgang mit den Formeigenschaften des Würfels und lernen durch ein erstes Bauen nach Vorlage eine anschauliche zweidimensionale Abbildung in ein dreidimensionales Würfelgebäude umzusetzen.
4	Wir arbeiten mit Würfelgebäuden und ihren Bauplänen.	Die Schüler können zwei- und dreidimensionale Darstellungen von Würfelgebäuden zueinander in Beziehung setzen (zu Würfelgebäuden Baupläne erstellen und umgekehrt nach Bauplänen bauen) und schulen so ihr räumliches Vorstellungsvermögen.
5	Wir führen unsere Arbeit mit Würfelgebäuden und Bauplänen fort und arbeiten dabei auch mit dem Computer.	Die Schüler erstellen Würfelgebäude anhand eines Computerprogramms und vertiefen dadurch und durch weitere Übungen mit Bauplänen und Würfelgebäuden ihre Fähigkeiten im räumlich-visuellen Bereich.
6	Wir entwerfen Baupläne für Würfelvierlingsbauten.	Die Schüler kommunizieren an einer problemhaltigen Aufgabenstellung über einen räumlichen Sachverhalt („Findet alle möglichen Würfelvierlinge") und können ihre angefertigten Baupläne ggf. am Modell fachgerecht begründen.
7	Wir schulen auf spielerische Weise unser räumliches Vorstellungsvermögen.	Die Schüler vertiefen und erweitern ihre Kompetenzen im Bereich Raum und Form spielerisch.

Übersicht über die Unterrichtseinheit „Würfelgebäude"

Da der Themenbereich „Geometrische Körper" im ersten Schuljahr noch nicht Gegenstand des Mathematikunterrichts gewesen ist, habe ich mich dazu entschlossen, ihn am Anfang der Einheit mit aufzunehmen. Dabei habe ich mich auf das Unterscheiden der vier

[8] Der Aufbau der Unterrichtseinheit wird in diesem Kapitel wörtlich umschrieben und begründet. Lediglich die Übersicht enthält als Orientierung die Bezeichnung der Stunden sowie das jeweils gesetzte Lernziel.

geometrischen Körper Kugel, Quader, Würfel und Zylinder anhand ihrer grundlegenden Eigenschaften und Merkmale sowie auf das Wiedererkennen dieser Körper in der Umwelt beschränkt, um anschließend exemplarisch mit dem Würfel weiterarbeiten zu können.
Ich habe den Schwerpunkt der Einheit nach diesem allgemein auf geometrische Körper bezogenen Einstieg in die Einheit bewusst auf das Bauen mit Würfeln, das Errichten von Würfelgebäuden und das Schreiben dazugehöriger Baupläne und umgekehrt gelegt (dritte bis z.T. siebte Stunde), denn einerseits „...müssen Handlungen (beim Bauen; Vf.) schon in der Vorstellung geplant werden. Dies fördert nicht nur die geometrischen Erfahrungen, sondern entwickelt ein flexibles geometrisches Denken" (Radatz et al., 1996, S. 132). Und andererseits trägt laut Franke (2006, S. 140) eine abwechslungsreiche Arbeit mit Würfelgebäuden und ihren Bauplänen dazu bei, das räumliche Vorstellungsvermögen der Kinder außerordentlich zu fördern, was gleichzeitig das übergreifende Ziel der Unterrichtseinheit „Würfelgebäude" darstellt (vgl. Kapitel 1 und vgl. 4.2): „Wenn die Kinder die Struktur dieser Baupläne verstanden haben, sind sie in der Lage, vielfältige Übungen dazu durchzuführen, die wesentlich zur Raumvorstellung und Raumwahrnehmung beitragen und ein intuitives Verständnis des Würfelbegriffs ermöglichen". Damit ist die Auswahl der Schwerpunktsetzung innerhalb der Einheit klar begründet.
Nach einer Phase des freien Bauens mit Würfeln (vgl. Radatz et al., 1998, S. 124) in der dritten Stunde folgt auch eine Phase des Bauens nach Vorlage, in der die Schüler erste Beziehungen zwischen der Zwei- und Dreidimensionalität eines Würfelgebäudes herstellen müssen. Zudem verinnerlichen sie dabei automatisch die Eigenschaften dieses geometrischen Körpers. In der vierten Stunde lernen die Schüler den Bauplan als „Bauanleitung" für ein Würfelgebäude kennen, errichten in Partnerarbeit selbst welche nach dieser Anleitung und Schreiben Baupläne zu Würfelgebäuden, die als Schrägbild abgebildet sind (reversible Übungen) (vgl. ebd., S. 124f). Letzteres wird in der fünften Stunde einerseits durch eine Einzelarbeit und andererseits durch die Arbeit mit einem Computerprogramm vertieft (vgl. Appell, 2002). Dieses Programm funktioniert folgendermaßen: Auf dem Bildschirm sind eine Baugrundfläche und ein Bauplan zu sehen, deren Grundfläche beliebig von einer Grundfläche 2x2 bis 10x10 Baugrundquadrate einstellbar ist. Ich habe die Auswahl der Felderanzahl jedoch didaktisch auf 4x4 bzw. 5x5 Baugrundquadrate reduziert. Ein „Klick" mit der linken Maustaste auf einem Bauplanquadrat lässt immer einen Würfel auf der Baugrundfläche erscheinen. Auf diese Weise lassen sich zig verschiedene Würfelgebäude samt dazugehörigem Bauplan erstellen und das Würfelgebäude kann darüber hinaus von jeder Perspektive aus betrachtet werden. Dies wiederum fördert das räumliche Vorstellungsvermögen außerordentlich, da bspw. Übungen zu der Frage durchgeführt werden können, welche Würfel aus einer bestimmten Perspektive sichtbar sind und welche nicht und der Bauplan dabei als Orientierungshilfe dient. In Bezugnahme auf die in Kapitel 3.4.2.2 dargestellte Lernausgangslage nehme ich speziell in der vierten und fünf-

ten Stunde eine qualitative Differenzierung bei der Auswahl der Aufgaben vor, da es sich inhaltlich besonders anbietet. Gleichwohl erfolgt in Partner- oder Gruppenarbeitsphasen während der gesamten Unterrichtseinheit durch die vorgegebene Zusammensetzung meinerseits ebenfalls eine Differenzierung.
In der sechsten Stunde steht in einer Rechenkonferenz zu Würfelvierlingen der systematische Umgang mit Würfelgebäuden und ihren Bauplänen im Vordergrund. An dieser Stelle ist insbesondere bei der Frage nach identischen Bauplänen das mentale Vorstellen der Objekte (Würfelvierlinge) gefragt, wobei jedoch für die Schüler immer die Möglichkeit besteht, auf die enaktive Ebene zurückzugreifen. Die siebte Stunde rundet die Unterrichtseinheit spielerisch ab, das heißt hier können die Schüler ihr erworbenes Wissen bzw. ihre im räumlich-visuellen Bereich erworbenen Fähigkeiten unter Beweis stellen. Dazu stehen ihnen das Spiel POTZ KLOTZ, Aufgaben rund um den SOMA-Würfel, Bauplan-Memorys sowie als besondere Herausforderung das Spiel „block by block" zur Verfügung (vgl. 3.1).[9]

Während der ganzen Einheit besteht für die Schüler immer die Möglichkeit des Rückgriffs auf das konkrete Material (in den ersten beiden Stunden Vollkörper der geometrischen Körper und Gegenstände, die diesen ähneln; in der dritten bis zur sechsten Stunde Holzwürfel und Baugrundflächen; in der siebten Holzwürfel und SOMA-Würfel), was sich nicht nur vor dem Hintergrund der theoretischen Grundlagen des zweiten Kapitels und Kapitel 3.3 her begründen lässt bzw. was die darin aufgeführten Inhalte deutlich fordern, sondern was auch folgendes Zitat von Steinau (2007, S. 22) noch einmal eindeutig untermauert: „Räumliches Vorstellungsvermögen beginnt nicht gleich im Kopf, sondern braucht eine Basis. Das Bauen mit Würfeln und das Übertragen der Gebäude in die Zweidimensionalität sind wichtige Schritte, um diese zu schaffen".

4.2 Zielintentionen

Dass die Entwicklung des räumlichen Vorstellungsvermögens nicht nur eine der grundlegenden Aufgaben des Geometrieunterrichts ist, sondern vielmehr als Teil der menschlichen Intelligenz eine lebenspraktische Bedeutung aufweist, wurde in den Kapiteln zwei und drei deutlich herausgearbeitet. Oberstes Ziel der Unterrichtseinheit ist demzufolge offenkundig, dass das räumliche Vorstellungsvermögen der Schüler mittels der dafür getroffenen didaktisch-methodischen Entscheidungen und durch die Zielsetzungen der einzelnen Unterrichtsstunden gefördert werden soll. Dass der Schwerpunkt dabei auf dem Bauen mit Würfeln, Würfelgebäuden und deren Bauplänen liegt, wurde in Kapitel 4.1 zwar schon ansatzweise begründet, soll aber an dieser Stelle noch weiter untermauert werden.

---

[9] Zum begründeten Einsatz von Lernspielen im Mathematikunterricht vgl. ausführlich Lauter (2005, S. 224ff). Demnach sind die hier verwendeten Spiele dem Bereich Übung und Festigung sowie Motivation und Differenzierung zuzuordnen. Memory und POTZ KLOTZ sind zudem Wettbewerbsspiele (vgl. ebd., S. 228).

Denn durch diese Inhalte wird nicht nur der Handlungsorientierung Rechnung getragen und die Raumvorstellung gezielt gefördert („Das Übertragen von Körpern in Baupläne und umgekehrt vertieft die Fähigkeiten zur *Raumvorstellung*" (Rickmeyer, 1986, S. 47; Hervorhebung im Original)), sondern auch ein wesentlicher Beitrag zur Erreichung fachbezogener und fächerübergreifender Ziele geleistet. Mit Rickmeyer (1986, S. 46f) bzw. Radatz & Rickmeyer (1991, S. 34ff; Hervorhebungen jeweils im Original) sind an dieser Stelle die wichtigsten genannt:

- „Mit dem Entwerfen von Bauplänen wird ein *Verfahren zum Lösen eines geometrischen Problems* gewonnen.
- Das Beschreiben von Würfelkörpern und Lagebeziehungen schärft nicht nur die sprachlichen Mittel des einzelnen Kindes, sondern fördert insgesamt die *sprachliche Kommunikation* der Kinder untereinander.
- Das gemeinsame Angehen und Lösen eines Problems, das Einanderzuhören, das Miteinander- und Voneinanderlernen sind Grundelemente des *sozialen Lernens*, dienen dem gegenseitigen Verständnis und der gegenseitigen Rücksichtnahme.
- Das freie Bauen von Würfelkörpern fördert *Phantasie und Kreativität*.
- Das Übertragen von Körpern in Baupläne und umgekehrt vertieft die Fähigkeiten zur *Raumvorstellung*. Das erstaunlich sichere und schnelle Erkennen von Gebäuden allein aufgrund der Baupläne zeigt Ansätze zur Kopfgeometrie; denn das Erkennen verlangt u.a. die stückweise Konstruktion eines Körpers in der Vorstellung."

Obwohl diese Zielsetzungen aus der Mitte der 80iger Jahre des letzten Jahrhunderts stammen, sind darin doch bereits viele enthalten, die sich seit 2006 in den Prozessbezogenen Kompetenzbereichen des Kerncurriculums Mathematik für die Grundschule wieder finden (vgl. Nds. Kerncurriculum, 2006, S. 15ff). Dazu gehören die Bereiche *Modellieren, Problemlösen, Kommunizieren und Argumentieren* sowie *Darstellen/Didaktisches Material verwenden*. Die drei Letztgenannten und davon insbesondere *Kommunizieren und Argumentieren und Darstellen/Didaktisches Material verwenden* sind in den einzelnen Unterrichtsstunden der Einheit häufig gefordert. Das bedeutet, die Schüler werden einerseits zu einer erhöhten Kommunikation angeregt, bei der sie ihre eigenen Gedankengänge verbalisieren und andere nachvollziehen müssen (soziales und metakognitives Lernen). Andererseits sind sie dazu aufgefordert, Aufgaben- und Problemstellungen in kooperativen Arbeitsformen zu bearbeiten und zu lösen, wobei dem handelnden Umgang mit dem Veranschaulichungsmaterial und dem Übertragen auf andere bzw. dem Wechsel zwischen den Anschauungsebenen eine große Bedeutung zukommt. Dabei wird gleichzeitig der Forderung der Schulung des räumlichen Vorstellungsvermögens im Sinne des Inhaltsbezogenen Kompetenzbereiches *Raum und Form* Rechnung getragen (vgl. 3.2).

Bei der Anzahlbestimmung der Würfel eines Würfelgebäudes steht ferner nicht das Rechnen oder Zählen im Vordergrund. Vielmehr soll den Schülern bewusst werden, wo überall Würfel in dem jeweiligen Gebäude auftreten und dass dies auch an Stellen sein kann, die nach Beendigung des Baus nicht mehr sichtbar sind (vgl. Rickmeyer, 1998a, S. 12). Wenn die Schüler sich auch diese verdeckten Würfel vorstellen können bzw. wissen, dass sich hinter Würfeln in den vorderen Reihen noch weitere befinden, die bei der Anzahlbestimmung berücksichtigt werden müssen, dann haben sie bzgl. ihres räumliches Vorstellungsvermögens die erwarteten Fortschritte gemacht, welche durch die erneute Durchführung des HRT festgestellt werden sollen (vgl. 5.2.2). Denn bei diesen Aufgaben werden die in Kapitel 2.1.2.3 herausgestellten Teilkomponenten der Raumvorstellung (*räumliches Orientieren* und e*rfassen/herstellen räumlicher Beziehungen* – im besten Falle *räumliches Denken* (Fähigkeit zur *mentalen Rotation*)) besonders angesprochen.

4.3 Darstellung und Analyse ausgewählter Stunden innerhalb der Unterrichtseinheit „Würfelgebäude"

Im Folgenden werden zwei Stunden ausführlich analysiert und reflektiert, die das übergreifende Ziel der Unterrichtseinheit – das räumliche Vorstellungsvermögen der Schüler zu fördern – besonders herausstellen bzw. anhand derer die Umsetzung meiner didaktisch-methodischen Entscheidungen bezogen auf die Erreichung dieses Zieles sowie vor dem Hintergrund der vorangegangenen Kapitel klar begründet dargestellt werden kann.

4.3.1 Die vierte Unterrichtsstunde „Wir arbeiten mit Würfelgebäuden und ihren Bauplänen"

Diese Unterrichtsstunde verfolgt das Ziel, dass die Schüler zwei- und dreidimensionale Darstellungen von Würfelgebäuden zueinander in Beziehung setzen können (zu Würfelgebäuden Baupläne erstellen und umgekehrt nach Bauplänen bauen) und so ihr räumliches Vorstellungsvermögen schulen.

4.3.1.1 Allgemeine Lernvoraussetzungen

Da sich meine Lerngruppe im Alter zwischen sieben und acht Jahren befindet, sind sie nach Piaget (vgl. 2.2.1) in der Lage, reversible Operationen durchzuführen. Das bedeutet in Bezug auf die heutige Stunde, dass sie zu einem Würfelgebäude einen Bauplan erstellen können in Umkehrung zum Bauen nach Bauplan, wobei das konkrete Handeln mit Material von besonderer Bedeutung ist (vgl. Zech, 2002, S. 91 und vgl. 4.3.1.3).

Das ***Arbeitsverhalten*** der Kinder ist sehr unterschiedlich ausgeprägt. Vor allem *Mohamad, Pascal, Remo, Kevin, Marvin, Nico und Manja* lenken sich selbst und andere Kinder während des Unterrichts häufig ab und müssen daher des Öfteren zur Ordnung gerufen werden. Die übrigen Mädchen und Nicolai arbeiten konzentriert und motiviert mit. In Partnerarbeitsphasen arrangieren sich im Regelfall alle Kinder gut mit ihrem Partner. Das ***Lern- und Leistungsprofil*** ist differenziert, aber insgesamt in Bezug auf Mathematik als leistungsstark einzuschätzen. Zu den leistungsstärkeren Schülern gehören *Pia, Laetitia,*

Angelika, Susanne und *Jellste.* Sie können mathematische Fachbegriffe begründet anwenden, Zusammenhänge herstellen sowie Gesetzmäßigkeiten erkennen und erklären, was den leistungsschwächeren Schülern (*Remo, Kevin, Michelle, Manja)* schwer fällt.
Nico ist seit Beginn des zweiten Schuljahres neu in der Klasse. Er hat zuvor eine Sprachheilförderschule besucht und zeigt während des Unterrichts z.T. ein auffälliges Verhalten.

4.3.1.2 Inhalts- und fachspezifische Lernvoraussetzungen

Die Schüler haben Vorerfahrungen sowohl zum freien Bauen mit Würfeln als auch zum Bauen nach Bildvorlagen gemacht, kennen den Begriff des Würfelgebäudes und die Regeln zum Bauen eben dieser: „1. Je zwei an- oder aufeinander liegende Würfel berühren sich auf der ganzen Würfelseite. 2. Das Würfelmodell muss selbstständig auf dem Tisch stehen können" (Radatz et al., 1998, S. 125), 3. Baustartpunkt ist oben links und 4. folgende Reihenfolgen sind beim Bauen zu beachten: von unten nach oben, von links nach rechts, von hinten nach vorn. Zudem haben sie zu Beginn der zweiten Klasse Angaben zur Orientierung im Raum geübt (links-rechts, oben-unten, vor-hinter). Remo, Linnea, Marvin, Laetitia, Mohamad und Michelle haben dabei noch Probleme sowie vor allem Marvin, Pascal, Alanah und Lene bzgl. des räumlichen Vorstellungsvermögens. Letzteres hat sich durch die Ergebnisse des HRTs gezeigt (vgl. 3.4.2.2).
Beim Schreiben der Baupläne könnte das Problem auftreten, dass die Würfel, die auf dem Schrägbild verdeckt sind, bei der Anzahlbestimmung auf einem Feld nicht berücksichtigt werden. Darauf würde mit dem Hinweis auf das korrekte Nachbauen eingegangen werden. Beim Bauen nach Bauplan könnten Orientierungsprobleme beim in Beziehung setzen von Würfelgebäude und Bauplan und damit zusammenhängend das Vertauschen von links/rechts und vorne/hinten auftreten. Die Lagebeziehungen müssten dann noch mal gezielt und am Modell anschaulich wiederholt werden.

4.3.1.3 Didaktische Analyse

<u>Vorgaben</u>

Diese Unterrichtsstunde ist einerseits dem Inhaltsbezogenen Kompetenzbereich *Raum und Form* zuzuordnen, da die Schüler sich beim Bearbeiten der Aufgaben sowohl räumlich orientieren als auch die erstellten dreidimensionalen Würfelgebäude mit dem dazugehörigen Bauplan und dem Schrägbild (zweidimensionale Ebene) in Verbindung bringen müssen (vgl. Nds. Kultusministerium, 2006, S. 26f). Andererseits ist die Stunde zwei Prozessbezogenen Kompetenzbereichen zuzuordnen: *Darstellen/Didaktisches Material verwenden*, weil sich bei den Schülern durch den handelnden Umgang mit den Würfeln mentale Vorstellungsbilder zu Würfelgebäuden entwickeln, die umgehend durch die zweidimensionale Ebene unterstützt werden (vgl. ebd., S. 16). Der Bereich *Kommunizieren und Argumentieren* begründet sich daher, dass die Schüler sich in der Partnerarbeitsphase über ihre Vorgehensweise(n) beim Bauen bzw. Bauplanschreiben austauschen und dabei angeregt werden, „...die Gedankengänge anderer nachzuvollziehen bzw. eigene Gedankengänge zu verdeutlichen" (ebd., S. 15).

Didaktische Begründung der Themenwahl

Eines der Hauptziele des Geometrieunterrichts in der Grundschule ist die Förderung des räumlichen Vorstellungsvermögens der Schüler aufgrund seiner Bedeutung im schulischen und alltäglichen Bereich (vgl. Franke, 2006, S. 27). Die Schüler sollen befähigt werden, sich langsam von konkreten Operationen zu lösen, um geometrische Aufgaben auf der Vorstellungsebene lösen zu können (Kopfgeometrie) (vgl. Nds. Kultusministerium, 2006, S. 16; S. 26).

Nach Radatz et al. (1998, S. 123) ist der Würfel die Körperform, die Kinder generell zum Spielen und Experimentieren anregt und von vielen Spielen oder dem Baukasten her bekannt ist (Anknüpfen an Vorerfahrungen). Für das Bauen bzw. den Umgang mit geometrischen Körpern habe ich mich exemplarisch für den Würfel entschieden, weil das konkrete Handeln mit ihnen das geometrische Denken der Schüler außerordentlich fördert. Dies begründen Radatz et al. (1998, S. 123) damit, dass „...geistige Vorstellungen von einem Modell mit dem wirklichen Objekt und umgekehrt in Einklang gebracht werden müssen. Das räumliche Vorstellungsvermögen wird geschult, eine grundlegende Erfahrung, um im Erwachsenenalter Bauanleitungen, beispielsweise für Möbel, zu verstehen". Damit ist gleichzeitig die Zukunftsbedeutung begründet, die in Bezug auf fachliche Inhalte und Anforderungen im geometrischen Bereich in den Weiterführenden Schulen noch untermauert werden kann. Die Gegenwartsbedeutung begründet sich u.a. bzgl. seiner Notwendigkeit im Mathematikunterricht, weil Zusammensetzungen von Holzwürfeln bspw. vielfach im Bereich der Arithmetik als didaktisches Anschauungsmaterial (Hunderterplatte, Zehnerstange) verwendet werden und somit ein gewisses Maß an räumlichem Vorstellungsvermögen vorhanden sein muss, um die Hilfsmittel für arithmetische Zwecke nutzen zu können (Rickmeyer, 1998a, S. 12). Die Rollenverteilung „Baumeister" und „Kontrolleur" stellt einen Lebensweltbezug her (vgl. 3.1).

Unter Berücksichtigung der Überlegungen Piagets (vgl. 2.2.1) kommt dem handelnden Umgang mit konkretem Material eine große Bedeutung zu, da Erkenntnisse an reale Situationen gebunden und noch nicht auf abstraktem Wege zu erreichen sind (vgl. Lauter, 2005, S. 148). Auf der Basis der Ergebnisse von Bruner berücksichtige ich darüber hinaus in dieser Stunde die Repräsentationsformen enaktiv, ikonisch und symbolisch als didaktisches Prinzip (ausführlicher vgl. u.a. Lauter, 2005, S. 22ff und vgl. 3.3).

Analyse der Thematik und didaktische Reduktion

Der Würfel ist ein von sechs kongruenten, quadratischen Flächen begrenzter geometrischer Körper mit zwölf gleichlangen Kanten und acht rechtwinkligen Ecken (vgl. Franke,

2006, S. 152). Die sechs Quadrate bilden zusammen die Oberfläche des Würfels, welcher auch als eine Sonderform des Quaders gilt. Als geometrischer Körper ist er von diesen ebenen Flächen begrenzt und zählt deswegen zu den Polyedern und konvexen Körpern. Zudem ist der Würfel der Gruppe der Prismen zuzuordnen, da er zwei zueinander kongruente und parallele Begrenzungsflächen aufweist. Als regelmäßiger Hexaeder ist er darüber hinaus ein platonischer Körper (vgl. Krauter, 2007, S. 84ff).

Ein Würfelgebäude ist ein dreidimensionales, aus mehreren kleinen Würfeln zusammengesetztes Bauwerk, bei dem sich benachbarte Würfel an den quadratischen Seitenflächen voll berühren, aber nicht immer alle verwendeten Würfel (von einer Perspektive) sichtbar sein müssen. Zu einem Würfelgebäude gehört genau ein Bauplan, der dieses zum einen als ebene Figur abbildet (Standfläche entspricht dem Grundriss) und zum anderen die Bauanleitung des Würfelgebäudes darstellt (Funktion). Der Grundriss wird in kleine Quadrate geteilt und jede Zahl im Quadrat eines Bauplanes gibt die Anzahl der Würfel an, die im Gebäude übereinander liegen (vgl. Franke, 2006, S. 140). Die Ansicht auf das Würfelgebäude erfolgt von oben. Das Schrägbild eines Würfelgebäudes ist sein zweidimensionales Abbild, bei dem ebenfalls nicht alle verwendeten Würfel sichtbar sein müssen.

Eine didaktische Reduzierung nehme ich in dieser Stunde in Bezug auf die Größe der Baugrundfläche (4x4 Quadrate) sowie auf die Anzahl der verwendeten Würfel durch den Bauplan bzw. das Schrägbild vor. Zudem bestehen die Würfel aus Holz und haben eine Kantenlänge von 2cm, sodass die Schüler problemlos mit ihnen hantieren können.

4.3.1.4 Methodische Analyse

Die Gestaltung des Lernprozesses der vorliegenden Stunde orientiert sich am Prinzip des kooperativen Lernens, das hier in Form von Partnerarbeit durchgeführt wird. Damit ist zugleich eine Sozialform festgelegt, „...bei der zwei Schülerinnen bzw. Schüler eine Aufgabenstellung innerhalb eines Lernprozesses selbstständig und kooperativ bewältigen" (Mattes, 2004, S. 30). Die Partnerarbeit bietet im Vergleich zur Einzelarbeit bei einer heterogenen Zusammensetzung mehrere Vorteile. Zum einen wird damit dem Prozessbezogenen Kompetenzbereich *Kommunizieren und Argumentieren* Rechnung getragen, da zwischen den Partnern während ihrer Arbeit ein ständiger aktiver Austausch über eben diese stattfindet und sie sich bei möglichen Problemen zunächst selbst helfen können (vgl. 4.3.1.3). Zum anderen stellt der Partner eine unmittelbare Kontrollinstanz nach Beendigung einer Aufgabe dar (vollendetes Würfelgebäude bzw. fertiger Bauplan). Darüber hinaus ist die Partnerarbeit „...eine wichtige Vorbereitung auf dem Weg zur Teamfähigkeit" (ebd., S. 30) und bezieht aufgrund der sozialen Kontrolle alle Schüler bei der Bearbeitung der Aufgaben mit ein.

Im Hinblick auf die Lerngruppe und die Aufgabenstellung (es wird ein neuer Inhalt erarbeitet) bietet sich daher die Partnerarbeit an. Durch die leistungsheterogene Zusammensetzung, welche ich aus pädagogischen Gründen selber vorgenommen habe (vgl. 3.4.2.2), können die Schüler, die vor allem im Bereich des räumlichen Vorstellungsvermögens Probleme haben, profitieren, indem sie im Austausch mit dem Partner versuchen, dessen Gedankengänge und Lösungsansätze nachzuvollziehen und auf diese Weise ihre Fähigkeiten bzgl. der Raumvorstellung verbessern.

Der als *Einstieg* gewählte stumme Impuls soll die Schüler dazu motivieren, sich aktiv mit dem Dargebotenen auseinanderzusetzen und mögliche Handlungsansätze zu entwickeln (Volition ist stark ausgeprägt). Die Schüler verbalisieren beim Bauen ihr Vorgehen und verinnerlichen so ihre Handlung, während die übrigen Schüler versuchen, diese nachzuvollziehen. Ich werde mich beobachtend zurückhalten und nur steuernd eingreifen, wenn etwas falsch erklärt wird, um das selbstregulierende Lernen in der Gruppe zu fördern.
Bei der Verständigung bzgl. der Aufgabenwahl „leicht" oder „schwer" zu Beginn der *Partnerarbeitsphase* soll sich im Sinne des kooperativen Lernens auf eine Sache geeinigt werden und das eigenverantwortliche Lernen bzgl. der richtigen Einschätzung der eigenen Leistung gefördert werden. Bei der Bearbeitung beider Aufgaben müssen die Schüler die jeweiligen Informationen (den Bauplan oder das Schrägbild) aufnehmen, verarbeiten und dann entsprechend auf anderer Ebene umsetzen in einem Würfelgebäude bzw. einem Bauplan. Zudem müssen sie ihre Aufmerksamkeit aufrechterhalten und ihren individuellen Wissensstand prüfen, um die Arbeitsaufträge erfolgreich bewältigen zu können (interne Lernsteuerung). Bei der ersten Aufgabe sind Würfelgebäude nach Bauplan zu errichten, wobei die Schüler auf die Situation im Einstieg Rückbezug nehmen können (Erarbeitung). Bei der Erstellung eines Bauplans zu einem vorgegeben Bild eines Würfelgebäudes (zweite Aufgabe) können die Schüler auf ihre in der vorigen Stunde gesammelten Erfahrungen zurückgreifen, indem sie bspw. das Bauwerk zuerst nachbauen und die benötigten Würfel abzählen (Metakognition: Überwachung und Regulation des Lernprozesses, vorhandene Lernstrategien anwenden). An dieser Stelle müssen sie die im Einstieg präsentierte Vorgehensweise zum Bauen nach Bauplan umkehren (Reversibilität) (vgl. 4.3.1.1). Aufgrund der wechselnden Rollenverteilung des Baumeisters und des Kontrolleurs wird die Kommunikations- und Kooperationsfähigkeit während der gesamten Arbeitsphase angesprochen. Die externe Lernsteuerung erfolgt durch die Vorgabe der Sozialform, des Arbeitsauftrags und meinen Hilfestellungen (Beobachterrolle).
Die *Reflexionsphase* wird ebenfalls mit einem stummen Impuls eingeleitet, den die Schüler kennen (ritualisiert). Dabei geht es einerseits um die Reflexion über den Lernprozess an sich (An welchen Stellen hatte(n) ich (wir) Probleme? Konnten wir diese selber lösen? (Wenn ja, wie?)) und andererseits um die Zusammenarbeit mit dem Partner. Möglicherweise aufgetretene Schwierigkeiten beim Bauen nach Bauplan bzw. beim Erstellen der Baupläne werden erläutert und gemeinsam Lösungsstrategien entwickelt (vgl. 4.3.1.2). Ein derartig gestalteter Stundenabschluss ist wichtig, denn die Schüler sollen „sich ihres

eigenen Lernens bewusst werden, indem sie darüber reflektieren" (Nds. Kultusministerium, 2006, S. 8). Aufgrund der direkten Ergebniskontrolle durch den Partner während der Arbeitsphase kann auf eine Ergebnissicherung im Plenum verzichtet werden. Zur inhaltlichen Abrundung sollen die Schüler das in der Stunde Gelernte auf eine neue Aufgabenstellung anwenden („Welcher der beiden Baupläne gehört zu dem Würfelgebäude?").

4.3.1.5 Reflexion

Die Schüler waren im Einstieg durch den stummen Impuls motiviert und gleichzeitig zu eigenen Aktivitäten aufgefordert. Dadurch hatten sie genügend Freiraum, um sich gemeinsam den Begriff und die Funktion des Bauplanes herzuleiten und zu erklären, ohne dass ich dies vorgegeben habe. Auf diese Weise wurden die Schüler am Lern- und Begriffsbildungsprozess beteiligt. Beim In-Beziehung-setzen von Bauplan und Baugrundfläche hätte ich mich eventuell etwas mehr zurückhalten können. Ausschlaggebender war jedoch die zu hohe Komplexität des Arbeitsauftrages, den ich nur mündlich gestellt habe. Er hat sowohl Informationen zur Organisation (Reihenfolge und Platzierung der Aufgaben) als auch zum Inhalt und zur Differenzierung (Wahl zwischen leicht und schwer) enthalten. Daher war insbesondere die zweite Aufgabe nicht für alle Schüler eindeutig, was sich bei der Wiederholung des Arbeitsauftrages durch die Schüler gezeigt hat (kein Schüler konnte ihn vollständig wiedergeben). In Zukunft werde ich daher darauf achten, den Arbeitsauftrag z.B. schriftlich an der Tafel in wenigen Stichworten zu visualisieren.

Die Arbeitsphase hat sich durch eine hohe Schüleraktivität und eine kooperative Zusammenarbeit ausgezeichnet. Die Schüler haben sich weitestgehend teamfähig gezeigt und der kommunikative Austausch hat gut geklappt. Nur bei der Gruppe Lene, Nico und Jellste kam es zu kleineren Konflikten, bei denen ich schlichtend eingreifen musste (diese Gruppenzusammensetzung ergab sich, weil Mohamad und Pascal in dieser Stunde krank waren, weswegen Isabell mit Michelle zusammengearbeitet hat). Das bedeutet, dass diese Lerngruppe sich insgesamt – bis auf wenige Ausnahmen – schon gut in kooperativen Lernformen arrangieren kann. Alle Schüler haben die erste Aufgabe beendet und vier Partnergruppen auch die zweite Aufgabe, sodass sie mit dem Memory-Spiel zwar beginnen, es aber nicht mehr beenden konnten. Die anderen vier Partnergruppen haben mindestens die Hälfte der zweiten Aufgabe erfolgreich bearbeitet. Ich hätte die Schüler insbesondere beim Kontrollieren mit der Lösungskarte dazu anleiten sollen, sich mehr Zeit dafür zu nehmen – z.B. dass sie sich das Würfelgebäude und das Bild bzw. den Bauplan genauer anschauen (drehen, Perspektivenwechsel), damit der Prozess der Förderung der Raumvorstellung noch mehr unterstützt wird. Das für die Stunde gewählte Material sowie die eingesetzten Medien waren insgesamt sehr motivierend und lernwirksam.

Im ersten Teil der Schlussphase sollten die Schüler über möglicherweise aufgetretene fachliche Probleme sowie über das Funktionieren der Zusammenarbeit reflektieren. Sie haben jedoch keine fachlichen Schwierigkeiten genannt und die Reflexion über die Zusammenarbeit war unbefriedigend, da sie sich mehr auf Aussagen wie „Es hat alles gut geklappt" und „Mir hat es Spaß gemacht" bezog. Daher ist der Gehalt von diesem Teil der Schlussphase eher fraglich und war nur auf das soziale Miteinander bezogen.

Der zweite Teil der Schlussphase, in dem die Schüler begründen sollten, warum nur ein Bauplan zu dem abgebildeten Würfelgebäude passen kann, gestaltete sich lernwirksamer, da sie hierbei ihr in der Stunde erworbenes Wissen konkret angewendet haben und mehrere Schüler die Zuordnung sehr detailliert und verständlich begründen konnten. An dieser Stelle hat sich gezeigt, dass das gesetzte Lernziel erreicht worden ist und die Stunde wurde inhaltlich gut abgerundet. Es hat sich also herauskristallisiert, dass – im Sinne eines hohen Anteils echter Lernzeit – es sinnvoller gewesen wäre, eine weitere Aufgabe aus diesem Bereich zu stellen an Stelle der Reflexion über die Zusammenarbeit.

Mein Lehrerverhalten hat sich generell durch ein geduldiges, ruhiges, abwartendes und umsichtiges Auftreten ausgezeichnet und ich habe die Schüler in ihrem Lernprozess produktiv unterstützt. Zudem ist positiv hervorzuheben, dass das Vorhaben der Schulung des räumlichen Vorstellungsvermögens als eine sehr anspruchsvolle Aufgabe anzusehen ist.

4.3.2 Die sechste Unterrichtsstunde „Wir entwerfen Baupläne für Würfelvierlinge"

Diese Unterrichtsstunde verfolgt das Ziel, dass die Schüler an einer problemhaltigen Aufgabenstellung über einen räumlichen Sachverhalt kommunizieren („Findet alle möglichen Würfelvierlinge") und ihre Argumentation durch ihre angefertigten Baupläne und ggf. am Modell fachgerecht begründen können.

4.3.2.1 Allgemeine Lernvoraussetzungen[10]

Das *Arbeitsverhalten* der Kinder in Gruppenarbeitsphasen ist sehr unterschiedlich ausgeprägt. Während sich *Mohamad, Pascal, Remo, Kevin, Marvin und Nico* selbst und andere Kinder dabei häufig ablenken und daher wiederholt zur Ordnung gerufen werden müssen, arbeiten die Mädchen und Nicolai i.d.R. konzentriert und motiviert mit. Vor allem Nico fällt es noch schwer, mit anderen Kindern zusammenzuarbeiten. Das *Lern- und Leistungsprofil* zeigt ein heterogenes Bild, weswegen ich die Gruppen bewusst nach Leistungsfähigkeiten im räumlich-visuellen Bereich zusammengestellt habe.

4.3.2.2 Inhalts- und fachspezifische Lernvoraussetzungen

Die Schüler kennen die Begriffe Würfelgebäude, Bauplan und Baugrundfläche und können zu dreidimensionalen Würfelgebäuden Baupläne selber schreiben und auch nach diesen bauen (vgl. 4.3.1). In dieser Stunde ist vor allem ihr räumliches Vorstellungsver-

[10] Zu den statistischen Daten und weiteren allgemeinen Lernvoraussetzungen vgl. 3.4.2.2 und vgl. 4.3.1.1.

mögen gefragt, denn die Würfelgebäude bzw. deren Baupläne dürfen nicht identisch sein. Die Arbeit in Gruppen samt Präsentation ist den Schülern bekannt, nicht jedoch der Ablauf einer Rechenkonferenz.
Sowohl während der Einzelarbeitsphase als auch während der Rechenkonferenz könnte das Problem auftreten, dass die Schüler ihre bereits geschriebenen Baupläne nicht berücksichtigen und daher einige doppelt notieren. Ich würde die Schüler in diesem Fall darauf hinweisen, dass sie ihre Baupläne alle miteinander vergleichen sollen, um ihnen genügend Freiraum zu lassen, eine eventuelle Doppelung selber herauszufinden. Falls große Probleme auftreten sollten, besteht die Möglichkeit, alle Würfelgebäude nachzubauen (den Schülern stehen genügend Holzwürfel zur Verfügung).

4.3.2.3 Didaktische Analyse

Vorgaben

Die vorliegende Unterrichtsstunde ist dem Inhaltsbezogenen Kompetenzbereich *Raum und Form* zuzuordnen, da sich die Schüler beim Bearbeiten der Aufgabenstellung mit Würfelvierlingen und deren möglichen Bauplänen auseinandersetzen. Dafür müssen sie sich nicht nur räumlich orientieren, sondern sich vor allem Veränderungen der Lage der einzelnen Würfel in Gedanken vorstellen, um neue Zusammensetzungen zu finden (vgl. Nds. Kultusministerium, 2006, S. 26). Darüber hinaus finden sich vor allem zwei Prozessbezogene Kompetenzbereiche in dieser Stunde wieder. Das ist zum einen der Bereich *Kommunizieren und Argumentieren*, weil die Schüler in der Phase der Gruppenarbeit dazu aufgefordert sind, sich über ihre Vorgehensweisen bei der „Suche“ nach allen möglichen Würfelvierlingen auszutauschen und ihre Vorschläge begründet einzubringen. Dabei kommt zum anderen gleichzeitig der Bereich *Problemlösen* zum Tragen, denn es geht um ein innermathematisches Problem und den Schülern steht „...kein unmittelbarer Lösungsweg für die Bearbeitung (der; Vf.) Aufgabe zur Verfügung...“ (ebd., S. 18). Das heißt, sie können beim Bearbeiten der Aufgaben unterschiedliche Lösungsstrategien anwenden (z.B. systematisches Probieren: Die Anzahl der bebauten Felder nach und nach erhöhen und die vier Würfel auf ihnen entsprechend verteilen oder aber zunächst „einfach Drauflosschreiben“ und die bereits gefundenen Möglichkeiten mit neuen Ideen abgleichen) (ebd., S. 18).

Didaktische Begründung der Themenwahl

Ausgehend von den Erfahrungen, die die Schüler in den vorangegangenen drei Stunden mit Würfeln, Würfelgebäuden und deren Bauplänen gesammelt haben, beschäftigen sie sich in dieser Stunde mit speziellen Würfelanordnungen, den Würfelvierlingen. Davon möglichst zahlreiche verschiedene Anordnungen zu finden, also auch identische zu erkennen, fordert das räumliche Vorstellungsvermögen stark heraus (*räumliche Orientierung, räumliches Denken*). Zudem eignen sie sich besonders dafür, Symmetrien von Kör-

pern zu entdecken und systematisch Würfelgebäude zu konstruieren. Es werden also Fähigkeiten und Fertigkeiten der Schüler geschult, die sie im Geometrieunterricht der Grundschule und auch in den Weiterführenden Schulen benötigen (Zukunftsbedeutung). Die Schulung des räumlichen Vorstellungsvermögens impliziert unter Berücksichtigung der Kapitel 2 und 3 immer eine Gegenwarts- und Zukunftsbedeutung (vgl. auch 3.2 und vgl. 4.3.4.1). Auf eine ausführliche Begründung bzgl. der Verwendung der Würfel als didaktisches Anschauungsmaterial und der Berücksichtigung des EIS-Prinzips kann an dieser Stelle verzichtet werden, da dies bereits im Kapitel 3.3 ausführlich geschehen ist.
Darüber hinaus handelt es sich beim Finden aller Würfelvierlinge um eine offene und damit herausfordernde Aufgabe, die eine automatische „...*Differenzierung* während der Bearbeitung (mit sich bringt; Vf.) und vom Kinde bestimmt wird" (Radatz & Rickmeyer, 1991, S. 42; Hervorhebung im Original) und sich somit für eine Lerngruppe mit einem heterogenen Lern- und Leistungsprofil eignet (vgl. 3.4.2.2 und vgl. 4.3.2.1), da jedes Kind mindestens eine Lösung finden wird. Der Begriff „Würfelvierling" wird in der im Einstieg von mir erzählten Geschichte als „Würfelgebäude mit vier Würfeln" eingeführt (Berücksichtigung der Fachsprache).

Analyse der Thematik und didaktische Reduktion

Würfelvierlinge gehören zu den Würfelviellingen. Dies sind Anordnungen von Würfeln aus unterschiedlichen Anzahlen (vgl. Franke, 2006, S. 140). Demnach sind Würfelvierlinge Würfelgebäude, die aus vier Würfeln errichtet werden und aufgrund von zwei Konstruktionsprinzipien zustande kommen. Zum einen müssen die verwendeten Würfel sich an ihren Flächen voll berühren und zum anderen werden Würfelkörper, die zueinander drehsymmetrisch sind, als identische Körper betrachtet. Achsensymmetrische Würfelkörper werden dabei hingegen als verschieden angesehen (vgl. Franke, 2006, S. 141). Demzufolge und nach der fallunterscheidenden Konstruktion nach Radatz & Rickmeyer (1991, S. 42)[11] ergeben sich für die Konstruktion von Würfelvierlingen insgesamt 15 verschiedene Lösungsmöglichkeiten.
Eine didaktische Reduzierung nehme ich hinsichtlich der Anzahl der Würfel vor, mit denen die Schüler möglichst viele verschiedene Anordnungen finden sollen (vier Würfel).

[11] Die Autoren schlagen folgende Strategie für das Finden aller Lösungen von Würfelvierlingen vor: Ausgehend von einem Würfelvierling, der auf einem Baugrundquadrat steht („Viererturm"), wird die Anzahl der bebauten Baugrundquadrate systematisch auf zwei, drei und vier erhöht, wobei gleichzeitig die Anzahl der darauf gebauten Würfel(türme) von einem bis zu drei variiert.

4.3.2.4 Methodische Analyse

In dieser Stunde steht das kooperative Lernarrangement einer *Rechenkonferenz*[12] im Mittelpunkt. „In Anlehnung an die im Deutschunterricht praktizierten Schreibkonferenzen, bezeichnen Rechenkonferenzen Gesprächsgruppen von Schülern, in denen mathematische Strategien diskutiert werden" (Blaseio, 2002, S. 1). Da es sich bei der Aufgabenstellung um eine offene handelt (vgl. 4.3.2.3), kann jedes Kind zunächst in einer vorgeschalteten Einzelarbeitsphase eine eigene Lösungsstrategie entwickeln und an das mathematische Problem individuell herangehen. Anschließend geht es in der Arbeit in den Kleingruppen darum, „...den angewandten Rechenweg (hier: Vorgehensweise beim Finden möglichst vieler Würfelvierlinge; Vf.) zu verteidigen und dabei die Gruppenmitglieder von der gewählten Strategie zu überzeugen sowie anderen Vorschlägen zuzuhören und diese ggf. zu übernehmen" (Blaseio, 2002, S. 1). Gemeinsam sollen nun alle gefundenen Lösungsmöglichkeiten miteinander verglichen und in diesem Falle identische „aussortiert" werden, um sie nach Beendigung der Arbeitsphase ihren Mitschülern zu präsentieren und die überwiegend angewandte Strategie kurz zu erläutern.
Ich habe mich für dieses Lernarrangement entschieden, um den heterogenen Lernbedingungen meiner Lerngruppe (vgl. 3.4.2.2) gerecht zu werden, weswegen ich einerseits die Einteilung bewusst vorgenommen habe. Andererseits muss sich jedes Kind durch die Einzelarbeit intensiv mit der Aufgabe auseinandersetzen und ist dann aufgefordert, seine Ergebnisse zunächst innerhalb der Kleingruppe und nicht direkt vor der Klasse vorzustellen, was insbesondere den zurückhaltenden Schülern entgegenkommt (Zutrauen in die eigenen Fähigkeiten). Die Schüler können sich während der Arbeitsphase gegenseitig in ihrem Lernprozess unterstützen, lernen voneinander und lernen, ihre Meinung begründet zu vertreten, sodass sie auf diese Weise gleichzeitig in ihrer Sozial-, Methoden- und Selbstkompetenz gefördert werden. Damit begründet sich noch einmal die Zuordnung zum Prozessbezogenen Kompetenzbereich *Kommunizieren und Argumentieren* (vgl. 4.3.2.3). Darüber hinaus lernen die Schüler, sich mit anderen Menschen zu arrangieren, was in Bezug auf die spätere Teamfähigkeit in der Berufswelt eine bedeutende Schlüsselqualifikation darstellt (vgl. Mattes, 2004, S. 32).

Demzufolge gliedert sich die Stunde in vier Phasen: Einstieg, Einzelarbeit, Gruppenarbeit (Rechenkonferenz) und Ergebnispräsentation/-sicherung. Durch die im *Einstieg* von mir erzählte Geschichte über das Problem von „Zahlix" und „Zahline" (sie haben mit vier Würfeln verschiedene Würfelvierlinge gebaut, aber deren Aussehen und Anzahl sowie das Schreiben der Baupläne vergessen) werden die Schüler motiviert, sich mit der Aufgaben-

---

[12] Bei Radatz et al. (1998, S. 18) findet sich dafür auch die Bezeichnung der „Strategiekonferenz", in der die Lösungswege der Kinder stärker beachtet werden und diese eingehend besprochen werden sollen.

stellung auseinanderzusetzen, da sie diesen beiden Figuren beim Lösen von Problemen gerne helfen (starke Ausprägung der Volition). Durch die Problemstellung und die anschließende Erläuterung des Arbeitsauftrages ist die Zieltransparenz für die Stunde gegeben (die Verständnissicherung der Aufgabenstellung erfolgt durch eine schriftliche Visualisierung des Ablaufes der Stunde und der Aufgabe an der Tafel, anhand derer ein Schüler beides wiederholt).

In der *Einzelarbeitsphase* muss jedes Kind seinen individuellen Wissensstand bezogen auf die Arbeit mit Bauplänen und Würfelgebäuden prüfen und sein Lernverhalten an die Aufgabe anpassen (Würfelgebäude mit vier Würfeln errichten bzw. deren Baupläne schreiben). Falls die rein mentale Ebene einige Schüler dabei überfordert, besteht für sie die Möglichkeit des konkreten Nachbauens (Kognition: Ressourcen-Management „Hilfe suchen“) (vgl. 4.3.2.3). Damit jeder Schüler während der anschließenden *Rechenkonferenz* seinen Gruppenmitgliedern seine Lösungen vorstellen kann, habe ich das Arbeitsblatt für die Einzelarbeitsphase bewusst auf sechs Baupläne begrenzt, die Baupläne für die Plakate auf sechzehn beschränkt. Die Schüler müssen nun nacheinander ihre Lösungen in der Kleingruppe vorstellen, also selber Informationen weitergeben, diese begründet vertreten können und andere aufnehmen und verarbeiten, um dann gemeinsam zu entscheiden, welche Würfelvierlingsbaupläne sie auf ihrem Plakat notieren (keine identischen) und auf welche Strategie sie sich beim Finden der Möglichkeiten einigen wollen (für die Erläuterung bei der Präsentation). Dieser Vorgang könnte den Schülern jedoch noch große Probleme bereiten, weswegen ich sie auf das Verbalisieren der Lösungswege ggf. erneut hinweisen muss. Darüber hinaus müssen alle Schüler ihre Aufmerksamkeit aufrechterhalten und sich an die Aufgabe, nur verschiedene Baupläne zu Papier zu bringen, anpassen. Im Hinblick auf die Feststellung, ob zwei Würfelvierlinge gleich oder verschieden sind, schlägt Franke (2006, S. 141) vor, dies entweder praktisch zu überprüfen (drehen, kippen) (vgl. 4.3.2.2) oder „...auf der Vorstellungsebene durch innerliches räumliches Sehen...“. Die Würfelvierlinge könnten entweder beim Drehen oder Kippen zusammengehalten werden oder aber die Kinder nutzen die gedankliche Ebene, wofür jedoch ein sehr gut entwickeltes Raumvorstellungsvermögen notwendig ist. Die externe Lernsteuerung erfolgt durch die Vorgabe der Sozialform, der Aufgabenstellung und meinen Hilfestellungen (Beobachterrolle).

In der abschließenden Ergebnissicherung stellen die einzelnen Rechenkonferenzen ihre Arbeitsergebnisse vor, nachdem ich an das Problem von „Zahlix“ und „Zahline“ vom Anfang der Stunde erinnert habe. Die Gruppe mit den wenigsten Lösungen beginnt mit der Präsentation, die mit den meisten schließt diese ab. Dabei ist es wichtig, dass die Gruppen darauf achten, identische Baupläne nicht zu wiederholen, das heißt dass sie nur solche neu hinzufügen, die die Gruppen vor ihnen noch nicht genannt haben. Dadurch sind sie zu erhöhter Aufmerksamkeit während den Präsentationen aufgefordert. Für eine verbesserte Übersicht, das einfachere Identifizieren doppelter Baupläne sowie zum Zwecke der Bestimmung der maximalen Lösungszahl werden die vorgestellten Lösungen farbig markiert (bei der ersten Gruppe alle, bei der zweiten bis fünften Gruppe diejenigen, die noch nicht genannt wurden).

4.3.2.5 Reflexion

Die Schüler waren durch das Problem von „Zahlix" und „Zahline" motiviert, sich mit der Thematik der Stunde auseinanderzusetzen, was sich u.a. durch das Vorschlagen und Umsetzen vieler Baumöglichkeiten mit den Demo-Würfeln gezeigt hat. Dadurch war der Arbeitsauftrag für die Schüler relativ leicht zu fassen; ich habe ihn jedoch aufgrund einer nachhaltigen Verständnissicherung und Transparenz visuell an der Tafel festgehalten.
In der Einzelarbeitsphase musste ich kaum Hilfestellung leisten, da jedes Kind mindestens drei verschiedene Möglichkeiten für einen Würfelvierling gefunden hatte – und das schneller als vorgesehen, sodass diese Phase auf drei Minuten reduziert werden konnte. Es war dabei noch bei keinem Schüler ein systematisches Vorgehen erkennbar.
Während jedes Kind in seiner Rechenkonferenz seine Lösungsmöglichkeiten vorgestellt hatte, habe ich festgestellt, dass die Gruppen postwendend mit dem Schreiben der Plakate beginnen wollten, ohne sich vorher über eine sinnvolle Vorgehensweise zu einigen, die es erleichtert, alle Würfelvierlinge zu finden und keine doppelt zu notieren. Dies lag sicherlich auch daran, dass die Schüler in der Einzelarbeitsphase auch keine Systematik gefunden hatten. Daher habe ich die Arbeit durch ein Klangzeichen kurz mit einem Hinweis darauf unterbrochen. Es fiel den Schülern jedoch sehr schwer, das eigene Vorgehen zu erklären sowie eine gemeinsame Strategie zu entwickeln, die systematisch erschien – vielmehr haben sie zunächst von jedem abwechselnd eine andere Lösung notiert, was noch relativ übersichtlich war. In der zweiten Runde war dies schon schwieriger, weil sie logischerweise immer mehr Baupläne miteinander vergleichen mussten. Dies führte bspw. bei drei Gruppen dazu, dass sie identische Baupläne auf zwei verschiedenen Plakaten notiert haben – auch das Erkennen der Drehsymmetrie der Baupläne bereitete den Schülern Schwierigkeiten. Ich habe den Schülern jedoch in der Arbeitsphase bewusst keine mögliche Strategie vorgegeben, um den Lernprozess selbstregulierter verlaufen zu lassen. Deshalb habe ich erst am Ende der Ergebnisphase die Vorgehensweise nach Radatz & Rickmeyer (vgl.4.3.2.3) erklärt – und zwar eingebettet als „Trick von Zahlix und Zahline". Alle Gruppen haben zwar die Würfelvierlinge gebaut, bevor sie die Baupläne notiert haben. Jedoch hat nur eine Gruppe die Möglichkeit genutzt, alle gefundenen Würfelvierlinge zu errichten ohne sie gleich wieder abzureißen (Kevin, Jellste, Michelle und Pascal). Dies hat sich bewährt, denn sie hatten keine doppelten Baupläne notiert und mit elf Möglichkeiten die meisten gefunden. Damit haben sie für sich eine mögliche Strategie (bauen und direktes Vergleichen) entwickelt und konnten diese auch ihren Mitschülern

erklären. Insgesamt hat die kooperative Arbeit in der Kleingruppe gut funktioniert, sodass ich nur wenige Male einige Jungen zur Ordnung rufen musste (vgl. 4.3.2.1). Dafür, dass die Schüler das erste Mal eine Rechenkonferenz durchgeführt haben, bin ich mit dem Verlauf zufrieden. Allerdings müssen die Schüler noch lernen, sich gezielt über ihre Lösungswege auszutauschen und diese auch zu begründen (*Kommunizieren und Argumentieren*). Eine Möglichkeit wäre, den Schülern „Tipp-Karten“ für die Austauschphase an die Hand zu geben (bspw. mit Fragen wie „Wie bist du auf diese Lösung gekommen?“ „Wie hast du dabei gedacht?“ und „Warum hast du so gedacht?“. Auf diese Weise könnten sie gezielt dazu angeregt werden, über das eigene Denken nachzudenken (Metakognition).
Bei der Ergebnispräsentation fiel es den nachfolgenden Gruppen schwer, keine der bereits genannten Würfelvierlingsbaupläne zu wiederholen (Susanne, Mohamad und Isabell haben mit acht Lösungen begonnen). Hier hat sich gezeigt, wie schwierig das rein mentale Vorstellen der Würfelvierlinge für die Schüler ist, gleichwohl nicht identische Baupläne von mir farblich hervorgehoben wurden. Daher habe ich alle Baupläne vor der Tafel nachbauen lassen, sodass wir insgesamt auf dreizehn verschiedene Möglichkeiten der Anordnung der vier Würfel gekommen sind (auf diese Weise konnte ich drehsymmetrische Würfelvierlinge durch Festhalten und Kippen ausschließen). Die fehlenden zwei Möglichkeiten haben die Schüler nach einigen Impulsen meinerseits noch gemeinsam gefunden.

4.4 Fazit

Durch die ausführliche Darstellung und Reflexion der beiden ausgewählten Stunden sind die eingangs in Kapitel 4.2 beschriebenen Zielintentionen deutlich geworden. Dies ergibt sich zum einen daher, dass die Schüler immer zu einer begründeten Kommunikation über den jeweiligen Stundeninhalt aufgefordert waren (Bauen nach Bauplan, Schreiben von Bauplänen, Beschreiben der Würfelgebäude und Baupläne) und dabei gleichzeitig im Sinne des sozialen Lernens gemeinsam ein Problem gelöst haben. Zum anderen haben der ständige Wechsel der Anschauungsebenen nach dem EIS-Prinzip (Bauen von Würfelgebäuden nach Schrägbild oder Bauplan bzw. Schreiben von Bauplänen nach Schrägbild oder Modell) und die herausfordernde Aufgabe des Findens verschiedener Würfelvierlinge einen wesentlichen Beitrag zu erweiterten Fähigkeiten in der Raumvorstellung geleistet (vgl. Kapitel 5).

Im folgenden Kapitel wird die gesamte Unterrichtseinheit analysiert und reflektiert, wobei zunächst subjektive Eindrücke meinerseits im Vordergrund stehen. Anschließend erfolgt die Auswertung des HRT, der unmittelbar nach der Einheit durchgeführt worden ist, um diese Ergebnisse mit denen des Vortests zu vergleichen und daraus begründet Schlussfolgerungen und Ergebnisse bezogen auf möglicherweise erweiterte Fähigkeiten der Schüler im räumlich-visuellen Bereich zu ziehen. Auf diese Weise können die eingangs aufgestellten Thesen überprüft werden (vgl. Kapitel 1).

5 Auswertung der Unterrichtseinheit „Würfelgebäude“

5.1 Reflexion der Einheit

Rückblickend auf den Verlauf der einzelnen Unterrichtsstunden kann ich eine durchaus positive Bilanz für die gesamte Unterrichtseinheit ziehen. Der in Bezug auf die Arbeit mit Würfeln von mir gewählte allgemeine Einstieg in die Einheit mittels der geometrischen Körper Kugel, Quader, Würfel und Zylinder hat sich meiner Meinung nach dahingehend bewährt, dass die Schüler auf diese Weise nicht nur deren besondere Merkmale und Eigenschaften, sondern den Würfel als solchen aus dem Gesamtzusammenhang heraus exemplarisch als Vertreter von geometrischen Körpern kennen gelernt haben.
Der gesetzte Schwerpunkt im Kern der Einheit (Zusammenhang Modell/Schrägbild vom Würfelgebäude – Bauplan) hat den Schülern bei der Bearbeitung der Aufgabenstellungen im Großen und Ganzen wenig Schwierigkeiten bereitet – und dies einerseits aufgrund der Wirkungen des sozialen Lernens. Denn die Zusammensetzungen der Schüler während der Partner- und Kleingruppenarbeit gemäß der Lernausgangslage im räumlich-visuellen Bereich und nach pädagogischen Gesichtspunkten hat die gewünschten Effekte im Sinne des voneinander und miteinander Lernens mit sich gebracht (vgl. 3.4.2.2 und vgl. 4.2). Andererseits haben mit Sicherheit die stark handlungsorientierte Ausrichtung der Unterrichtsstunden sowie der ständige Wechsel der Anschauungsebenen nach dem EIS-Prinzip ihren Beitrag zu einer nachhaltigen Durchdringung des Lerngegenstandes bei den Schülern geführt (vgl. 2.2.1, vgl. 3.1 und vgl. 3.3). Dazu gehört auch, dass die von mir während der gesamten Einheit verwendeten Anschauungsmaterialien sowie die eingesetzten Medien für die Schüler lernwirksam, selbsterklärend und vor allem motivierend waren. Darüber hinaus kommt dem gebotenen Ordnungsrahmen sowie der Strukturiertheit des Unterrichts ebenfalls eine wichtige Bedeutung zu. Nach der Reflexion der vierten Unterrichtsstunde (vgl. 4.3.1.5) habe ich genau darauf geachtet, den Arbeitsauftrag weniger komplex bzw. visuell mit wenigen Worten zu unterstützen, damit für die Schüler jederzeit der Verlauf der jeweiligen Stunde transparent ist.
Besonders fasziniert waren die Schüler vom eingesetzten Computerprogramm, mit dem sie gleichzeitig Bauplan und Würfelgebäude auf dem Bildschirm erzeugen und Letzteres aus allen Perspektiven genauestens betrachten konnten. Die Schüler haben (trotz oder gerade wegen der ihnen zu Verfügung stehenden kurzen Zeitspanne dafür) intensiv mit dem Programm gearbeitet und konnten sich bei der Frage nach verdeckten Würfeln von einer bestimmten Ansicht bereits sehr gut anhand des Bauplans orientieren – diese beiden zusammengehörigen Elemente also bewusst zueinander in Beziehung setzen und damit arbeiten. Das hat sich u.a. auch an der schnellen Bearbeitungszeit des Einzelarbeitsblattes gezeigt, sodass *alle* Schüler mindestens das erste Zusatzblatt dieser Stunde

bearbeitet und auch beendet haben . Diese Beobachtung lässt auf zunehmende Fähigkeiten der Raumvorstellung schließen (vgl. 5.2).
In der spielerisch ausgerichteten Abschlussstunde der Unterrichtseinheit haben sich die Schüler in frei gewählten Partner- oder Kleingruppen hoch motiviert mit den Spielangeboten auseinandergesetzt und sichtlich Spaß auch bei kniffligeren Aufgaben wie bspw. dem Nachbauen von Figuren mit Teilen des SOMA-Würfels gehabt. Das Spiel POTZ KLOTZ hat bei allen Schülern großen Anklang gefunden. Der Zusatz „block by block“ hat den leistungsstärkeren Schülern, die sich ausschließlich an dieses Spiel (allein und auch zu zweit) „heran getraut“ haben (Angelika, Nico und Nicolai) jedoch große Probleme bereitet, das heißt sie waren damit noch überfordert und konnten nur mit meiner Hilfe eine Figur nachbauen.

5.2 Hat die Unterrichtseinheit das räumliche Vorstellungsvermögen der Schüler gefördert?

5.2.1 Subjektive Eindrücke und Erkenntnisse

Den Schülern hat der Umgang mit geometrischen Körpern und speziell mit Würfelgebäuden sowie deren Bauplänen sichtlich Spaß gemacht, was sich durch eine erhöhte Motivation und Aktivität *aller* Schüler während der Unterrichtseinheit gezeigt hat (vgl. 5.1), sodass die eingangs beschriebenen Beobachtungen also nicht nur für die Jungen, sondern vielmehr für meine gesamte Lerngruppe zutreffen und ich diese Lernmotivation aufrechterhalten bzw. steigern konnte (vgl. Kapitel 1). Vor allem die Schüler, die im arithmetischen Bereich Schwächen aufweisen und deswegen häufig schnell „aufgeben“ (Remo, Manja, Kevin), haben sich während dieser geometrischen Einheit bei Schwierigkeiten insofern anders verhalten, als dass sie bspw. beim Bauen nach Vorlage immer wieder probiert haben, das Würfelgebäude nachzubauen und sich bei anderen Mitschülern Hilfe geholt haben, bevor ich diesbezüglich die Anlaufstelle war. Aber auch bei den anderen Schülern ist mir aufgefallen, dass sie im Laufe der Einheit zunehmend selbstständiger und schneller an eine Aufgaben- oder Problemstellung herangegangen sind und diese gelöst haben. Besonders geholfen hat den Schülern meines Erachtens nach die Bauregel „Baubeginn ist immer oben links“ (vgl. 4.3.1.2), da sie auf diese Weise auf jeder Anschauungsebene einen Orientierungspunkt hatten. Bzgl. meiner Differenzierungsangebote in den Stunden vier und fünf haben sich außerordentlich viele Schüler bzw. Partnergruppen für das Angebot „schwer“ und nur wenige für „leicht“ entschieden. Dabei war auffällig, dass keiner der Schüler aus dem Risikobereich Letzteres gewählt hat – sie sich also anscheinend viel zugetraut und dies auch gemeinsam bzw. alleine erfolgreich bewältigen konnten.

Bei Lene und Marvin, deren Ergebnisse im Vortest innerhalb des Risikobereiches lagen, konnte ich in der dritten Stunde beim Bauen nach Vorlage große Schwierigkeiten feststellen, da sie scheinbar kaum räumlich sehen konnten – sich also nicht vorstellen konnten, dass die einzelnen Würfel des nachzubauenden Würfelgebäudes „in den Raum hineingehen“, da beide nur auf der hinteren Reihe der Baugrundfläche gebaut hatten. In der Einzelarbeitsphase zwei Stunden später fiel es sowohl Lene als auch Marvin deutlich leichter, nach einer Vorlage zu bauen. Ich vermute, dass dies ein Effekt der intensiven Arbeit mit Würfelgebäuden und ihren Bauplänen ist, weil sie zum einen durch das Zählen der einzelnen Würfel auf einem Bauquadrat und zum anderen durch das Zueinander In-Beziehung-setzen von Würfelgebäude, Baugrundfläche und Bauplan (ständiger Ebenenwechsel) sowohl in ihrer *räumlichen Orientierung* als auch im *Erfassen und Herstellen räumlicher Beziehungen* geschult wurden (vgl. 2.1.2.3). Dieser Lern- bzw. Fähigkeitszuwachs in diesem Bereich zeigt sich durch die verhältnismäßig wesentlich verbesserten Ergebnisse beider Kinder im HRT-Nachtest „Würfelaufgaben“ (über dem Durchschnitt) (vgl. 5.2.2). Pascal, der ausgerechnet in den „Kernstunden“ drei und vier krank gewesen ist, hat nach einer kurzen Erklärung von Nicolai den Zusammenhang sowie das Prinzip von Bauplan und Würfelgebäude schnell verstanden und konnte damit gut arbeiten, obwohl er nach dem Vortest im Risikobereich lag. Auch er konnte sein Ergebnis trotz des Fehlens im Nachtest „Würfelaufgaben“ durchaus verbessern (vgl. 5.2.2).

In mehreren Arbeitsphasen habe ich einzelne Schüler dazu aufgefordert, mir ihr Vorgehen beim Bauen nach Bildvorlage oder Bauplan sowie beim Ermitteln der Anzahl von Würfeln eines Würfelgebäudes (Zählen; Bauplan schreiben) zu erklären, um ihre Gedankengänge bzw. Strategien annähernd nachvollziehen zu können, da dies insbesondere bei geometrischen Aufgaben sehr schwierig ist und sich nicht unbedingt anhand des schriftlichen Ergebnisses feststellen lässt (vgl. 2.1.2.3 und vgl. 3.1). Leistungsstärkere Schüler wählten z.B. bei komplexen Würfelgebäuden die Strategie des Verdoppelns bzw. Verdreifachens einzelner Würfeltürme, um deren Anzahl insgesamt zu addieren („Drei Mal ein Zweierturm sind schon sechs Würfel, zwei Dreiertürme sind noch einmal sechs und jetzt noch zwei einzelne dazu ergeben zusammen vierzehn Würfel.“). Nahezu alle Schüler haben im Laufe der Einheit die Strategie des Antippens zum Zwecke der Anzahlbestimmung entwickelt. Bspw. bei der Frage danach, warum sie denn bei einem Würfelgebäude („Achterwürfel“) auf den Würfel oben links in der hinteren Reihe zweimal tippen würden, haben sie richtig geantwortet, dass dies nötig sei, weil der Würfel nicht in der Luft schweben könne und unter ihm deswegen noch einer „versteckt“ sein *muss*. Bei der Auswertung des HRT hat sich beim Untertest „Würfelaufgaben“ diese Strategie des Antippens als Hilfe zum Zählen mit dem Bleistift durchgesetzt (erkennbar an den „Bleistiftpunkten“). Haben diese Strategie im Vortest nur sechs Schüler angewandt, waren es beim Nachtest siebzehn Schüler. Das konkrete Vorstellen der Würfelfigur samt Drehung zur Anzahlbestimmung (*mentale Rotation*) hat erwartungsgemäß kein Schüler als Vorgehensweise genannt, da dies vermutlich für sie – wenn sie (in Ansätzen) so vorgegangen sein sollten – schwer mündlich

zu beschreiben ist. Ob einige (leistungsstärkere) Schüler über die Fähigkeit des räumlichen Denkens nach Besuden (vgl. 2.1.2.3) wirklich nach der Unterrichtseinheit verfügen, ist im Rahmen dieser Arbeit bei Weitem nicht feststellbar.
Aus meinen Beobachtungen im Unterricht schließe ich, dass sich das räumliche Vorstellungsvermögen der Schüler insgesamt kontinuierlich im Laufe der Unterrichtseinheit verbessert hat, was sich nicht nur durch ein zunehmend schnelleres Arbeitstempo, sondern v.a. durch ein selbstständiges und flexibles Arbeiten an den verschiedenen und teilweise problemhaltigen Aufgaben gezeigt hat, bei denen kein Schüler aufgegeben hat (vgl. 5.1). Zudem haben die Schüler in kooperativen Lernphasen voneinander profitiert, da bspw. der leistungsstärkere Schüler demjenigen mit Verständnisproblemen die Aufgabe bzw. eine mögliche Lösungsstrategie in „Schülersprache" verständlich vermitteln konnte – vermutlich verständlicher als ich es vielleicht hätte tun können. Daher gehe ich davon aus, dass sich meine didaktisch-methodischen Entscheidungen zur Zielerreichung bewährt haben. Ob dies wirklich so ist, werden nun die Auswertung der HRT-Nachtests sowie der direkte Vergleich der individuellen Ergebnisse mit denen des Vortests zeigen.

5.2.2 Überprüfung der Kompetenzen im Bereich Raum und Form durch den HRT nach Durchführung der Unterrichtseinheit – Auswertung

Die Auswertung der beiden Untertests, die einen Tag nach dem Ende der Unterrichtseinheit durchgeführt wurden, führt zu aufschlussreichen Ergebnissen. Während sich bei den Werten des Untertests „Längenschätzen" nur geringe positive Veränderungen ergeben haben, haben sich die Werte des Tests „Würfelaufgaben" insgesamt außerordentlich verbessert, das heißt jeder Schüler kann einen individuellen Lernzuwachs bzw. Zuwachs an Fähigkeiten im räumlich-visuellen Bereich, Schwerpunkt Mengenerfassung unter Berücksichtigung räumlicher Vorstellung, für sich verbuchen .

Die Ergebnisse des Untertests „Längenschätzen" haben sich bei zwei Schülern wesentlich (Jellste und Nico) und bei vier Schülern (Tessa, Linnea, Angelika und Remo) etwas verbessert, während bei Michelle und Pascal zwei zusätzliche Lösungen festzustellen sind und sich bei den übrigen elf Schülern kaum Veränderungen ergeben haben (entweder gleiches Ergebnis wie im Vortest oder um eine Lösung verbessert bzw. verschlechtert)[13]. Es ergibt sich für den Bereich „Längenschätzen" eine leicht positive Tendenz im Vergleich zum Vortestergebnis (vgl. 3.4.2.2), da sich zum einen nun nicht mehr vier, sondern nur noch zwei Schüler im Risikobereich befinden (Marvin und Pascal) und drei (Laetitia, Alanah und Lene) knapp darüber. Zum anderen weisen Angelika, Nico und Jellste

[13] Zwar macht sich die Verbesserung bzw. Verschlechterung um eine Lösung gerade in den unteren Lösungsbereichen beim „Längenschätzen" mit etwa 13% bemerkbar und führt daher in den Diagrammen zu größeren Abständen. Trotzdem bewerte ich die geringe Veränderung des Rohwertes als tagesformabhängig.

nun in diesem Bereich eine deutliche und Linnea eine tendenzielle Stärke auf – vorher war Letzteres nur bei Angelika und Nico der Fall. Neun Schüler siedeln sich mit einem mehr oder weniger großen Abstand um den Durchschnittswert herum an, wobei sieben Schüler im Vergleich zum Vortest keinen Zuwachs bzgl. ihrer Fähigkeit zur visuellen Größenerfassung erzielen konnten (Isabell, Susanne, Pia, Kevin, Mohamad, Nicolai und Manja), Remo und Tessa sich dagegen aus dem Risikobereich heraus z.T. deutlich über den Durchschnittswert und Michelle knapp darunter steigern konnten. Lagen die Rohwerte im Vortest noch zwischen keiner und zehn gelösten Aufgaben, so liegen sie im Nachtest zwischen zwei und achtzehn, wobei sich jedoch insgesamt nur drei Gesamtergebnisse über zehn gelösten Aufgaben befinden und der Großteil zwischen zwei und neun liegt.

Beim Untertest „Würfelaufgaben“ konnten sich alle Schüler im Vergleich zum Vortest verbessern, sodass sich bei der räumlichen Mengenerfassung kein Schüler mehr im Risikobereich, sondern vielmehr alle im „grünen Bereich“ befinden, das heißt über dem durchschnittlichen PR-Wert von 50 liegen. Das Spektrum der gelösten Aufgaben (Rohwerte) reicht von mindestens elf (Pascal und Lene) bis maximal zwanzig (Nico) und die Schüler konnten ihr Ergebnis im Vergleich zum Vortest mindestens um eine weitere gelöste Aufgabe (Manja und Nicolai) bis maximal um vierzehn zusätzlich gelöste Aufgaben (Alanah) verbessern. Insgesamt dreizehn Schüler zeigen nun nach der Unterrichtseinheit deutliche Stärken bzgl. des Würfelzählens – vorher waren es zwei (Isabell und Nicolai) (vgl. 3.4.2.2). Darunter befinden sich neben Nicolai und Isabell zwei Schüler mit einer bereits vorhandenen tendenziellen Stärke (Laetitia und Jellste), vier Schüler, die vorher Werte um den Durchschnittsbereich herum erreicht haben (Tessa, Kevin, Angelika und Mohamad) und sogar vier Schüler, bei denen anfangs von einer tendenziellen Schwäche im Bereich der Mengenerfassung unter Berücksichtigung räumlicher Vorstellung auszugehen war (Linnea, Susanne, Pia und Alanah). Drei Schüler weisen nun gemäß ihres Ergebnisses im Nachtest eine tendenzielle Stärke auf, wobei sich insbesondere Remo vergleichsweise stark verbessert hat, Manjas Leistung in etwa gleich geblieben ist und Michelle noch knapp die Tendenz zur Stärke zeigt. Auch Pascal, Lene und Marvin haben sich individuell bei den „Würfelaufgaben“ verbessern können, sodass sie ihre tendenzielle bzw. deutliche Schwäche durch die Unterrichtseinheit überwinden konnten und hier nun Fähigkeiten aufweisen, die über dem Durchschnittswert liegen.

5.3 Fazit

Diese durchweg positiven Ergebnisse, die meine Lerngruppe vor allem im Bereich der Mengenerfassung unter Berücksichtigung der räumlichen Vorstellung erzielt hat, weisen auf eine deutliche Verbesserung des räumlichen Vorstellungsvermögens hin. Unter Rückbezug auf die theoretischen Grundlagen ziehe ich daraus folgende Schlüsse: Zum einen habe ich durch meine didaktisch-methodischen Entscheidungen, Zielsetzungen und die von mir für die Unterrichtseinheit gewählten Veranschaulichungsmittel für diesen Bereich der räumlich-visuellen Fähigkeiten die in Kapitel 2.1.2.3 herausgearbeiteten bedeutsamen Teilkomponenten *räumliche Orientierung* und *erfassen/herstellen räumlicher Beziehungen* bei den Schülern angesprochen, da ihnen beides zunehmend gelungen ist. Dies ist sowohl den mündlichen Erklärungen der Schüler bzgl. der Vorgehensweise bei der Anzahlbestimmung als auch den Nachtestergebnissen zu entnehmen (vgl. 5.1 und 5.2). Ob einige Schüler wirklich die Stufe des räumlichen Denkens, die nach Besuden die Fähigkeit zur *mentalen Rotation* mit einschließt, erreicht haben, kann an dieser Stelle höchstens vermutet, aber keinesfalls belegt werden (vgl. 5.2.1 und vgl. 2.1.2.3). Zum anderen unterstreichen diese Ergebnisse die Aussage Maiers, dass das räumliche Vorstellungsvermögen bei jeder Person, insbesondere jedoch im Zeitfenster vom siebten bis zum dreizehnten Lebensjahr, trainierbar ist (vgl. 2.2.1), was sich zudem mit meinen Beobachtungen im Unterricht deckt. Damit ist die zentrale These dieser Hausarbeit – dass sich das räumliche Vorstellungsvermögen durch die Unterrichtseinheit individuell bei jedem Kind im Vergleich zum Ausgangstest verbessern wird und dies insbesondere im Bereich der Mengenerfassung mit einem räumlichen Schwerpunkt (Untertest „Würfelaufgaben“) (vgl. Kapitel 1) – bestätigt und durch den Vergleich der Ergebnisse des HRT nachhaltig abgesichert.

Des Weiteren wurde einleitend die zu überprüfende Frage aufgestellt, ob die Unterrichtseinheit „Würfelgebäude“, die ihren Schwerpunkt eindeutig auf dem Bereich der Mengenerfassung mit einem räumlichen Schwerpunkt hatte, zu Synergieeffekten bei den Schülern in Bezug auf ihre Fähigkeiten bei der visuellen Größenerfassung führt, zu der keinerlei Übungsformate bis zum Zeitpunkt der Durchführung des Nachtests angeboten wurden. Da sich bei der Auswertung des Vortests sowohl positive als auch negative Korrelationen zwischen den beiden Testwerten ergeben haben (vgl. 3.4.2.2 und vgl. 3.5), lässt dies vermuten, dass sich dieses Bild im Nachtest wiederholen könnte. Wie bereits im vorangegangenen Kapitel beschrieben, ist eine bedeutend starke positive Tendenz bei den Ergebnissen des Untertests „Würfelaufgaben“ und eine leicht positive Tendenz bei den Ergebnissen des Untertests „Längenschätzen“ feststellbar. Die acht Schüler, die bei Letzterem ihre Ergebnisse verbessern konnten, haben sich auch im Untertest „Würfelaufgaben“ mindestens um drei (Michelle) und maximal um neun (Linnea) weitere Lösungen gesteigert, sodass in diesen Fällen durchaus von einem Synergieeffekt gesprochen werden kann, das heißt also, dass sich die gezielte Förderung eines Teilbereiches räumlich-visueller Fähigkeiten („Würfelaufgaben“) positiv auf einen anderen Teilbereich („Längenschätzen“) auswirken kann. Jedoch zeigen sich bei weiteren acht Schülern keinerlei Anzeichen für einen möglichen Synergieeffekt, da ihre Werte beim „Längenschätzen“ in etwa unverändert geblieben sind, während sich die des „Würfelaufgaben“ wesentlich verbessert haben. Lediglich bei Isabell, Nicolai und Manja haben sich bei beiden Testergebnissen keine nennenswerten Veränderungen ergeben, sodass sich insgesamt für die Beantwortung der Frage nach einem möglichen Synergieeffekt wie bei der Frage nach einer positiven Korrelation der Testergebnisse ein zweigeteiltes Bild ergibt und dass die Stichprobe für eine klare und eventuell zu verallgemeinernde Antwort bzgl. des beschriebenen Synergieeffektes erheblich größer ausfallen müsste.

6 Resümee

Über die Fähigkeit zur Raumvorstellung als einen Faktor der menschlichen Intelligenz zu verfügen hat eine beachtliche Relevanz in allen Lebensbereichen, da sie

> „...unsere Wahrnehmungen und Vorstellungen von unserer **Umwelt** und damit die Interaktion mit ihr nachhaltig beeinflußt [sic]. Dabei ist uns bei einigen Tätigkeiten oft nicht bewußt [sic], daß [sic] visuell-räumliche Wahrnehmungen und Vorstellungen überhaupt vorhanden sind, und daß wir oft in einem hohen Maße davon profitieren" (Maier, 1999b, S. 123; Hervorhebung im Original).

Im Hinblick auf diese hinlänglich bezeichnete Bedeutung des räumlichen Vorstellungsvermögens, das in der Praxis des heutigen Geometrieunterrichtes trotzdem nicht ausreichend gefördert wird, hat sich am Beispiel meiner Unterrichtseinheit „Würfelgebäude" und meiner Lerngruppe gezeigt, dass diese Fähigkeit bei geeigneter Lernumgebung und mit einem hohen Anteil handlungsorientierter Aktivitäten tatsächlich bei Kindern im Alter von sieben bzw. acht Jahren nachweislich trainierbar ist. Dass „durch die Arbeit mit Würfeln (...) räumliches Vorstellungsvermögen geschult (wird; Vf.)" (Kroll, 1994a, S. 22), hat sich also an diesem Beispiel im Mathematikunterricht der Grundschule praktisch bestätigt.
Durch die Unterrichtseinheit habe ich also nicht nur das übergreifende Ziel erreicht und die Kinder in ihrer Fähigkeit zur Raumvorstellung gefördert (Ansprechen der Teilkomponenten *räumliche Orientierung* und *erfassen/herstellen räumlicher Beziehungen*), sondern auch an ihre eingangs beschriebene vorhandene Lernmotivation, sich mit (raum)geometrischen Inhalten auseinanderzusetzen, angeknüpft und diese aufrechterhalten, wenn nicht bei einigen Schülern sogar gesteigert. Ausschlaggebend dabei war sicherlich das materialintensive Lernen, dass die Schüler in ihrem Lernprozess unterstützt und zu Erfolgserlebnissen geführt hat. Darüber hinaus konnte auf diese Weise sowie dem ständigen Ebenenwechsel nach dem EIS-Prinzip der Abstraktionsprozess im Sinne vom Lösen von der konkreten Ebene hin zur reinen Vorstellungsebene bei den Schülern angebahnt werden. Bezüglich der Komplexität und Flexibilität dieser erworbenen räumlichen Vorstellungsbilder bei jedem Kind kann an dieser Stelle jedoch bis auf den vermutlich unterschiedlichen individuellen Ausprägungsgrad keine Aussage getroffen werden. Dass die Schüler in diesem Bereich Fortschritte gemacht haben, zeigt sich deutlich an den verbesserten Ergebnissen des Untertests „Würfelaufgaben", da sie sich dabei anhand einer bildlichen (ikonischen) Darstellung vorstellen mussten, ob sich hinter einem Würfel noch ein weiterer befindet oder nicht.
In den Kapiteln 3.5 und 5.3 konnten die zu Beginn aufgestellten Thesen bzw. Fragen durch die Erläuterungen und Analysen der Inhalte der jeweiligen Kapitel beantwortet werden. Zusammenfassend hat sich einerseits gezeigt, dass die Ergebnisse der beiden verwendeten Untertests des HRT im Vortest nur bei einem Teil der Lerngruppe miteinander

korrelieren und diese Frage deswegen nicht klar beantwortet werden kann. Andererseits sind die Werte beim Untertest „Würfelaufgaben" bei allen Schülern im Vergleich zu den Ausgangswerten wesentlich besser ausgefallen, die Werte beim „Längenschätzen" weisen jedoch nur bei nicht ganz der Hälfte eine positive Tendenz auf. Daher kann auch die Frage nach einem möglichen Synergieeffekt, den die Inhalte zur Mengenerfassung unter Berücksichtigung der räumlichen Vorstellung auf den Bereich der visuellen Größenerfassung haben könnten, mit den Ergebnissen dieser Lerngruppe bzw. Hausarbeit nicht eindeutig beantwortet werden.

Abschließend bleibt als Resultat meiner Hausarbeit festzuhalten, dass sich das räumliche Vorstellungsvermögen durch die in der Unterrichtseinheit „Würfelgebäude" gewählten Zielintentionen und didaktisch-methodischen Entscheidungen individuell bei jedem Kind im Vergleich zum Ausgangstest verbessert und dass sich dies insbesondere im Bereich der Mengenerfassung mit einem räumlichen Schwerpunkt (Untertest „Würfelaufgaben") gezeigt hat. Dieses Ergebnis, dass eingangs als zentrale These der Hausarbeit formuliert wurde, konnte durch die Auswertung und Analyse der Ergebnisse des Nachtests und im Vergleich mit der Lernausgangslage im räumlich-visuellen Bereich im fünften Kapitel nachdrücklich bestätigt werden (vgl. 5.2.2 und 5.3). V.a. der Vergleich der erreichten PR-Mittelwerte im räumlich-visuellen Bereich vorher und nachher zeigt eine deutliche Verbesserung der Fähigkeiten meiner Lerngruppe in diesem Bereich. Daher sollte es im Mathematikunterricht der Grundschule – insbesondere vor dem Hintergrund der theoretischen Grundlagen und der Bedeutung desselben sowie für den Geometrieunterricht – von den Lehrkräften nicht versäumt werden, das räumliche Vorstellungsvermögen der Kinder durch raumgeometrische Inhalte gezielt zu fördern.

7 Literaturverzeichnis

Appell, W. (2002). Geometrie mit Spaß lernen. Mit Würfel und Quader bauen (Computerprogramm). www.spasslernen.de/geometrie/geo45.htm. Zugriffsdatum: Zeitweise 15.8.2008 bis 06.09.2008.

Bauersfeld, H. (2000). Geometrie in der Grundschule. Anforderungen und Möglichkeiten im Unterricht. Grundschulmagazin, 3, 4-9.

Besuden, H. (1999). Raumvorstellung und Geometrieverständnis – Unterrichtsbeispiele. Oldenburg: Carl von Ossietzky Universität Oldenburg.

Blaseio, B. (2002). Rechenkonferenzen. Strategische Verfahren bei der halbschriftlichen Addition anwenden. Grundschulmagazin 11-12 (1-3).

Brönnström, C. & Schulze, A. (2005). 3-malig Mathematik. Differenzierungsmaterial auf drei Niveaustufen. Berlin: Cornelsen Verlag GmbH & Co OHG.

Franke, M. (2007). Didaktik der Geometrie in der Grundschule (2. Auflage). München: Spektrum.

Götz, T. (2006). Theoretische Grundlagen – Selbstreguliertes Lernen. In: Götz, T. Selbstreguliertes Lernen. Auer Verlag.

Haffner, J., Baro, K., Parzer, P. & Resch, F. (2005). HRT 1-4 – Heidelberger Rechentest. Erfassung mathematischer Basiskompetenzen im Grundschulalter. Göttingen: Hogrefe Verlag GmbH & Co. KG.

Hellmich, F. & Hartmann, J. (2002). Aspekte einer Förderung räumlicher Kompetenzen im Geometrieunterricht. Ergebnisse einer Trainingsstudie mit Sonderschülerinnen und -schülern. Zentralblatt für Didaktik der Mathematik, Vol. 34 (2). http://subs.emis.de/journals/ZDM/zdm022a4.pdf. Zugriffsdatum 02.07.2008.

Jansen, P. (2007). Rechnen braucht Geometrie. Die Entwicklung eines tragfähigen Zahlbegriffs beruht auf räumlicher Orientierung. Grundschule, 12, 8-11.

Krauter, S. (2005, 2007 (korrigierter Nachdruck)). Erlebnis Elementargeometrie. Ein Arbeitsbuch zum selbstständigen und aktiven entdecken. München: Spektrum.

Kroll, W. (1994a). Raumgeometrie in der Grundschule. Ein curriculares Konzept. Praxis Grundschule, 4, 22-23.

Kroll, W. (1994b). Würfelgebäude. Raumgeometrie in der Grundschule (1. Teil). Praxis Grundschule, 4, 24-25.

Kroll, W. (1996). Raumgeometrie, eine curriculare Herausforderung. Mathematik lehren, 77, 4-8.

Lauter, J. (2005). Fundament der Grundschulmathematik. Pädagogisch-didaktische Aspekte des Mathematikunterrichts in der Grundschule (4. Auflage). Donauwörth: Auer Verlag GmbH.

Lother, N., Schulze, U. & Seckerdieck, J. (2007). Flex und Floh 2 – Themenheft Geometrie. Braunschweig: Diesterweg.

Lorenz, J.-H. & Radatz, H. (1993). Handbuch des Förderns im Mathematikunterricht. Hannover: Schroedel.

Maier, P. H. (1999a). Raumgeometrie mit Raumvorstellung – Thesen zur Neustrukturierung des Geometrieunterrichts. Der Mathematikunterricht, 45, 3, 4-18.

Maier, P. H. (1999b). Räumliches Vorstellungsvermögen. Ein theoretischer Abriß des Phänomens räumliches Vorstellungsvermögen. Mit didaktischen Hinweisen für den Unterricht (1. Auflage). Donauwörth: Auer Verlag GmbH.

Mattes, W. (2004). Methoden für den Unterricht. 75 kompakte Übersichten für Lehrende und Lernende. Paderborn: Bildungshaus Schulbuchverlage, Westermann Schöningh Winklers GmbH.

Mietzel, G. (1986). Psychologie in Unterricht und Erziehung. Einführung in die Pädagogische Psychologie für Pädagogen und Psychologen (3., völlig neu gestaltete Auflage). Göttingen: Verlag für Psychologie Hogrefe.

Mietzel, G. (2002). Wege in die Entwicklungspsychologie. Kindheit und Jugend (4., vollständig überarbeitete Auflage). Weinheim: Verlagsgruppe Beltz.

Niedersächsisches Kultusministerium (Hrsg.) (2006). Kerncurriculum für die Grundschule – Schuljahrgänge 1-4. Mathematik. Hannover: Unidruck.

Nolting, H.-P. & Paulus, P. (1999). Psychologie lernen. Eine Einführung und Anleitung (vollständig überarbeitete Neuauflage). Weinheim und Basel: Beltz Verlag.

Radatz, H. (1989). Die Geometrie nicht vernachlässigen! Grundschule, 12, 17-19.

Radatz, H. & Rickmeyer, K. (1991). Handbuch für den Geometrieunterricht an Grundschulen. Hannover: Schroedel.

Radatz, H., Schipper, W., Dröge, R. & Ebeling, A. (1996). Handbuch für den Mathematikunterricht 1. Schuljahr. Hannover: Schroedel Verlag GmbH.

Radatz, H., Schipper, W., Dröge, R. & Ebeling, A. (1998). Handbuch für den Mathematikunterricht 2. Schuljahr. Hannover: Schroedel Verlag GmbH.

Rickmeyer, K. (1986). Handlungserfahrungen im Geometrieunterricht. Anregungen aus der Praxis. Grundschule, 18, 4, 44-47.

Rickmeyer, K. (1998a). Zur Entwicklung der Raumvorstellung. Übungen mit Holzwürfeln. Grundschule, 3, 12-14.

Rickmeyer, K. (1998b). Übungen zur Kopfgeometrie. Grundschule, 9, 48-53.

Schrader, F.-W. & Helmke, A. (2002). Alltägliche Leistungsbeurteilung durch Lehrer. In Weinert, F. E. (Hrsg.), Leistungsmessungen in Schulen (2., unveränderte Auflage) (S. 45-58). Weinheim und Basel: Beltz.

Sekretariat der Ständigen Konferenz der Kultusminister der Länder in der Bundesrepublik Deutschland (2004). Bildungsstandards im Fach Mathematik für Primarbereich (Jahrgangsstufe 4). Bonn.

Steinau, B. (2007). Würfelkörper konstruieren. Zeichnen per Hand und mit dem Computer. Grundschule, 12, 22-25.

Wollring, B. (2008). Mit Ecken und Kanten. Kompetenzerwerb im Bereich Raum und Form. Grundschule, 4, 28-31.

Zech, F. (2002). Grundkurs Mathematikdidaktik – Theoretische und praktische Anleitungen für das Lehren und Lernen von Mathematik (10., unveränderte Auflage). Weinheim und Basel: Beltz.

Ziegenspeck, J. W. (1999). Handbuch Zensur und Zeugnis in der Schule. Historischer Rückblick, allgemeine Problematik, empirische Befunde und bildungspolitische Implikationen. Bad Heilbrunn: Klinkhardt.